AI+PPT

幼儿园、小学PPT作业一本通

梅红　樊春艳　编著

人民邮电出版社
北京

图书在版编目（CIP）数据

AI+PPT：幼儿园、小学 PPT 作业一本通 / 梅红，樊春艳编著. -- 北京 ：人民邮电出版社, 2025. -- ISBN 978-7-115-65627-8

I. TP391.412

中国国家版本馆 CIP 数据核字第 2025WA0769 号

内容提要

这是一本为家长和孩子设计的 PPT 作业模板书和操作指南。家长只需指导孩子简单替换 PPT 模板中的文字和图片，就能在 3～5 分钟内完成一份精美的 PPT 作业。

本书提供了 100 多套适合幼儿园至小学阶段的 PPT 作业模板，内容涵盖自我介绍、知识分享、学习总结、竞选比赛、主题活动、节日节气、安全教育等，这些都是基础教育阶段的高频主题，模板精美实用。考虑到部分模板（如自我介绍）可能存在性别倾向，本书特别设计了男女生双版本。同时，所有模板均支持更换主题色，方便读者根据个人喜好进行调整。此外，本书还详细讲解了如何使用 AI（Artificial Intelligence，人工智能）工具快速生成和修改 PPT，以及如何美化孩子的照片、奖状素材等实用技巧。

本书旨在帮助零基础的家长指导孩子轻松完成高质量的 PPT 作业，使孩子在课堂展示中更加自信、出色，同时为家长节省更多时间。

◆ 编　著　梅　红　樊春艳

责任编辑　张玉兰

责任印制　陈　犇

◆ 人民邮电出版社出版发行　　北京市丰台区成寿寺路 11 号

邮编　100164　　电子邮件　315@ptpress.com.cn

网址　https://www.ptpress.com.cn

北京瑞禾彩色印刷有限公司印刷

◆ 开本：700×1000　1/16

印张：14.25　　2025 年 2 月第 1 版

字数：358 千字　　2025 年 2 月北京第 1 次印刷

定价：69.80 元

读者服务热线：(010)81055410　印装质量热线：(010)81055316

反盗版热线：(010)81055315

广告经营许可证：京东市监广登字 20170147 号

前言

在过去的PPT定制工作中，我们主要为企业做宣传展示和商务报告。近年来，越来越多的家长找到我们，希望我们能帮他们的孩子搞定PPT作业。

在与家长们交流时，我们常听到他们无奈地诉说："这PPT作业太难了！"他们不熟悉PPT的操作，很难去教孩子。面对PPT作业，他们常常感到手足无措，花了大量时间也做不出好的效果。于是，我们决定专门为家长和孩子编写一本简单易懂的PPT作业指南。

为了让这本书更实用，我们携手人民邮电出版社的编辑，调研了学生们常用的PPT作业主题。我们听取了老师、学生和家长的建议，从近200个主题中选出了80个最受欢迎的，涵盖了学科学习、课外活动和各种有趣的内容。

考虑到孩子们喜欢颜色鲜艳、设计有趣的PPT，模板中加入了彩色插画、黑白简笔画，还有传统的水墨画和现代感十足的2.5D插画等。为了让这些设计更符合孩子们的审美，我们会先设计出多个版本，让孩子们投票选择他们最喜欢的。比如，小男孩一般不喜欢粉红色，我们就特别为他们设计了一些更酷的模板。

而且，书中的模板可以灵活调整，例如可以一键换颜色，快速改变风格。我们还准备了很多小图标和插画，孩子们可以按自己的意愿进行搭配，让PPT更有趣。

当然，仅有模板还不够，我们还会教大家怎么操作。书中介绍了如何使用AI工具来快速生成和修改PPT。使用这些工具就像微信聊天一样简单，你只需要告诉它你想要什么效果，它就会帮你搞定。我们还录制了操作视频，只需跟着做就行。

希望这本书能成为家长和孩子的好帮手，帮助大家轻松完成PPT作业，让孩子的课堂展示更出色。同时，也希望本书能成为大家学习PPT制作的好伙伴。

最后，感谢所有参与本书制作的人，以及一直支持我们的读者。希望本书能给家长和孩子带来帮助，让我们一起为孩子们创造更美好的未来！

编者

2024年11月

模板示例

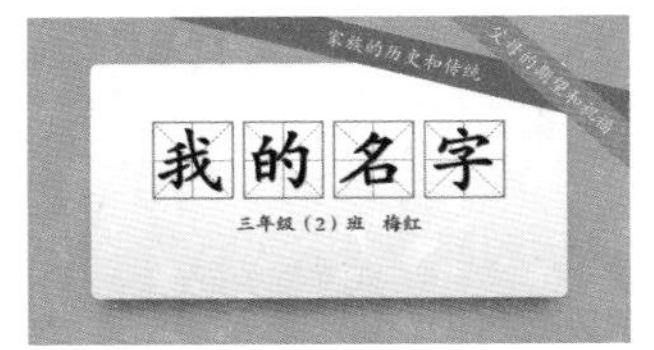
家族的历史和传统
我的名字
三年级（2）班 梅红

我的成长历程
三年级（2）班 小玩子

我的动物朋友
小猫
三年级（2）班 小玩子

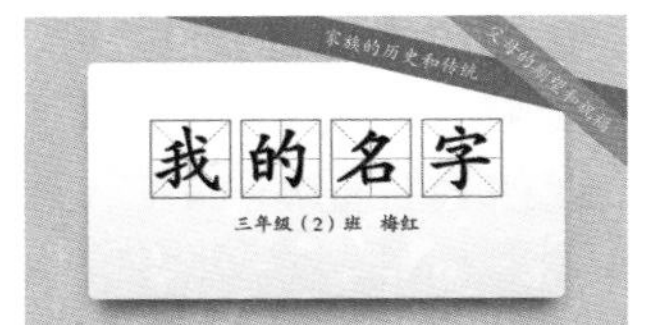
家族的历史和传统
我的名字
三年级（2）班 梅红

我的兴趣爱好

我的家庭成员
三年级（2）班 小玩子

我的家乡
三年级（2）班 小玩子

我的兴趣爱好

我的理想
成为一名医生
三年级（2）班 小玩子

我的成长历程
三年级（2）班 小玩子

我的爸爸妈妈
三年级（2）班 小玩子

我心目中的偶像
鲁迅
三年级（2）班 小玩子

自我介绍
三年级（2）班 小玩子

自我介绍
三年级（2）班 小玩子

中国历史名人介绍
屈原
三年级（2）班 小玩子

电影院
《哪吒之魔童降世》观后感
三年级（2）班 小玩子

小红帽的故事
关爱家人，警惕陌生人
三年级（2）班 小玩子

A Classic Fairy Tale -
Snow White
Class 2 Grade 3 May

戏剧文化——京剧
三年级（2）班 小玩子

小红帽的故事
关爱家人，警惕陌生人
三年级（2）班 小玩子

数学知识分享
认识分数
三年级（2）班 小玩子

AI工具助力学习
三年级（2）班 小玩子
HI!

孟母三迁
经典成语分享

经典诗词分享
《望庐山瀑布》（李白）
三年级（2）班 小玩子

开学第一课

开学第一课
三年级（2）班 小玩子

模板示例

我的暑假总结
三年级（2）班 小玩子

我的学习方法
“四步学习法”
三年级（2）班 小玩子

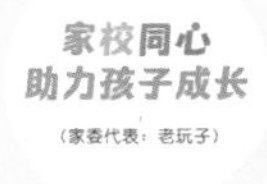
家校同心
助力孩子成长
（家委代表：老玩子）

我的暑假总结
三年级（2）班 小玩子

我的学习方法
“四步学习法”
三年级（2）班 小玩子

女生版
大队委竞选
三年级（2）班 小玩子

我的寒假总结

我的健康生活习惯
三年级（2）班 小玩子

男生版
大队委竞选
三年级（2）班 小玩子

我的寒假总结

我的健康生活习惯
三年级（2）班 小玩子

三好学生竞选
三年级（2）班 小玩子

班干部竞选
三年级（2）班　小玩子

班干部竞选
三年级（2）班 小玩子

我竞选少先队员
一年级（2）班 小玩子

绿意盎然
探究不同环境条件对植物生长的影响

我的手工作品
三年级（2）班 小玩子

文生版
书页背后的
奇妙世界
三年级（2）班 小玩子

文生版
智能小车
三年级（2）班 小玩子

绘画比赛作品
《海底世界》
三年级（2）班 小玩子

男生版
书页背后的
奇妙世界
三年级（2）班 小玩子

男生版
智能小车
三年级（2）班 小玩子

我竞选少先队员
一年级（2）班 小玩子

我的书法作品
三年级（2）班 小玩子

春游活动总结

疯狂夏令营之旅
三年级（2）班 小玩子

模板示例

元旦 新年的第一天

——迎接新年的快乐时光！

三年级（2）班 小玩子

元宵喜乐
三年级（2）班 小玩子

儿童节
小小年龄，大大愿望！
三年级（2）班 小玩子

春节简介
•迎春接福，共庆佳节
三年级（2）班 小玩子

Mother's Day
母亲节
感谢亲爱的妈妈！
三年级（2）班 小玩子

老爸，你是我的
超级英雄
三年级（2）班 小玩子

植树节
绿化我们的地球

母亲节快乐
感谢亲爱的妈妈！
三年级（2）班 小玩子

老爸，你是我的
超级英雄
三年级（2）班 小玩子

清明
三年级（2）班 小玩子

儿童节
小小年龄，大大愿望！
三年级（2）班 梅红

春节简介
•迎春接福，共庆佳节
三年级（2）班 小玩子

Hello
世界读书日
一 读书让生活更精彩！

Hello
世界读书日
一 读书让生活更精彩！
三年级（2）班 小玩子

模板示例

五一国际劳动节
庆祝劳动者的节日!

七夕
一个关于星星和爱情的节日
三年级(2)班 小玩子

重阳节简介
九九重阳
三年级(2)班 小玩子

端午安康
纪念古代大诗人屈原
三年级(2)班 小玩子

中秋
中国传统节日
农历八月十五
三年级(2)班 小玩子

腊八节
热热闹闹的“喝粥节”!
三年级(2)班 小玩子

“世界无烟日
我们来呼吁!”
三年级(2)班 小玩子

9月10日
教师节快乐
感谢辛勤付出的老师们
三年级(2)班 小玩子

中国传统节日介绍
感受传统 品味文化

国际奥林匹克日
一起为健康和运动欢呼!
三年级(2)班 小玩子

国庆
祖国的生日,我们的节日!
三年级(2)班 小玩子

二十四节气
--传统智慧的结晶
三年级(2)班 小玩子

小学生普法知识
三年级（2）班 小玩子

小学生
地震自救知识
三年级（2）班 小玩子

小学生心理健康知识
三年级（2）班 小玩子

一起学交通安全知识
三年级（2）班
小玩子

119
小学生消防安全知识
三年级（2）班 小玩子

小学生
社会治安知识
三年级（2）班 小玩子

小学生防触电
安全知识
三年级（2）班 小玩子

小学生食品
安全知识

小学生日常行为规范
三年级（2）班 小玩子

小学生防溺水
安全知识
三年级（2）班 小玩子

小学生
校园安全知识
三年级（2）班 小玩子

小学生文明礼仪规范
三年级（2）班 小玩子

目录

模板篇

第1章 自我介绍类……015

01 我的名字……016

02 我的家乡……019

03 我的成长历程……022

04 我的兴趣爱好……025

05 我的爸爸妈妈……028

06 我的动物朋友……032

07 我的家庭成员……033

08 我的理想……034

09 我的偶像……035

10 整体自我介绍……036

第2章 知识分享类……037

11 经典故事分享……038

12 经典成语分享……041

13 历史名人分享……044

14 英语阅读分享……047

15 数学知识分享……051

16 经典诗词分享……053

17 电影观后感……054

18 非遗文化知识分享……055

19 AI工具助力学习知识分享……056

第3章 学习总结类……057

20 开学第一课……058

21 我的暑假总结……063

22 我的寒假总结……067

23 我的学习方法……071

24 我的健康生活习惯……074

25 期末家长会家委代表发言……077

第4章 竞选比赛类……079

26 大队委竞选……080

27 三好学生竞选……083

28 班干部竞选……086

29 手工比赛竞选……089

30 绘画比赛竞选……092

31 少先队员竞选……094

32 演讲比赛竞选……095

33 书法比赛竞选……096

34 科学比赛竞选……097

35 编程比赛竞选……098

第5章 主题活动类……099

36 春游活动总结……100

37 夏令营活动总结……102

38 学雷锋日活动总结……104

39 博物馆参观活动总结……108

40 课外调研活动总结……110

41 秋游活动总结……113

42 民俗剪纸体验活动总结……114

43 民俗陶艺体验活动总结……115

44 城市标志性景观打卡活动总结……116

45 社区志愿服务活动总结……117

46 环保志愿者活动总结……118

47 假期旅行活动总结……119

第6章 节日节气类……121

48 元旦介绍……122

49 元宵节介绍……125

50 母亲节介绍……128

51 儿童节介绍……131
52 父亲节介绍……134
53 春节介绍……137
54 植树节介绍……138
55 清明节介绍……139
56 世界读书日介绍……140
57 五一国际劳动节介绍……141
58 端午节介绍……142
59 世界无烟日介绍……143
60 国际奥林匹克日介绍……144
61 七夕节介绍……145
62 中秋节介绍……146
63 教师节介绍……147
64 国庆节介绍……148
65 重阳节介绍……149
66 腊八节介绍……150
67 中国传统节日介绍……151
68 二十四节气介绍……152

第7章 安全教育类……153

69 普法知识分享……154
70 交通安全知识分享……157
71 防触电安全知识分享……160
72 防溺水安全知识分享……162
73 地震自救知识分享……164
74 消防安全知识分享……166
75 食品安全知识分享……167
76 校园安全知识分享……168
77 心理健康知识分享……169
78 社会治安知识分享……170
79 小学生日常行为规范分享……171
80 小学生文明礼仪规范分享……172

AI篇

第8章 3分钟，让AI替你做独一无二的PPT……175

81 好用的AI工具有哪些？……176
82 怎样让“文心一言”生成你想要的内容？……177
83 怎样用AiPPT生成好看的版面……179
84 怎样结合“文心一言”使用Mindshow……180
85 怎样安装Chat PPT插件……182
86 怎样用Chat PPT生成PPT……184
87 怎样用Chat PPT快速修改PPT……186
88 怎样用Chat PPT生成图片和词云……188
89 怎样用Chat PPT插入和转换图表……190
90 怎样用Chat PPT添加音视频和动画……192
91 怎样用AI工具让图片变大、变清晰……194
92 怎样用AI工具扩展图片……196
93 怎样用AI工具局部修图、去水印……199
94 怎样用AI工具抠图和调光……203

技巧篇

第9章 多做一步，让老师和同学赞不绝口……209

95 孩子的证件照怎样制作……210
96 孩子的奖状、证书怎样处理……212
97 怎样替换不同的模板图片……215
98 怎样快速给PPT更换字体……218
99 怎样快速给PPT更改配色……223
100 怎样导出合适的PPT格式……226

模板篇

CHAPTER 01

POWERPOINT

第1章 自我介绍类

01 我的名字

“在介绍自己的名字时，尽量用简单、清晰的语言，避免使用复杂的词语或句子。可以简单介绍一下自己名字的由来、寓意或者特点，让听众更好地了解你的名字。

内容结构

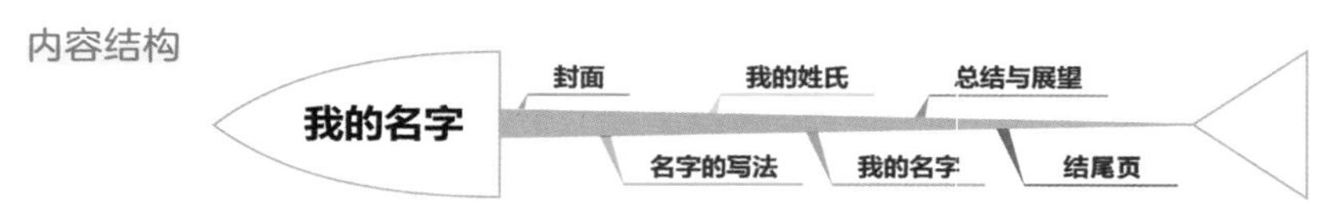

模板运用

运用美化模板时，注意替换班级、姓名和图片，并对文字介绍的内容做适当的修改。”

第一页：封面

封面内容包含标题——“我的名字”，以及班级和姓名。

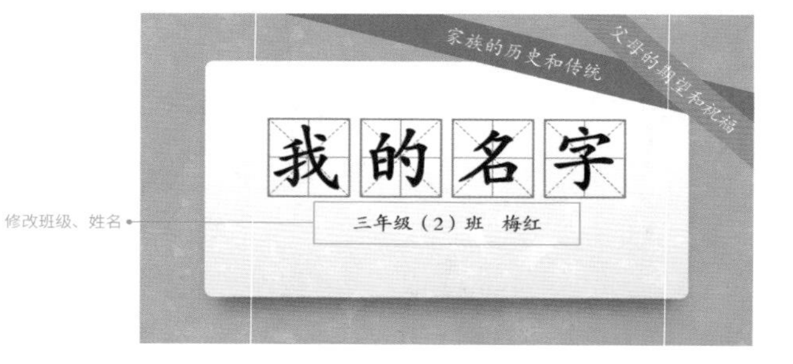

第二页：名字的写法

“名字的写法”部分，展示姓名的楷体写法。

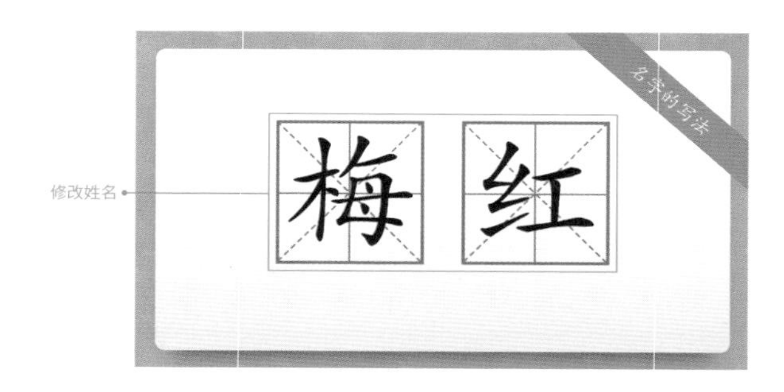

第三页：我的姓氏

“我的姓氏”部分，介绍姓氏的由来和含义。参考句式：“×”是我的姓氏，它承载着我们家族的历史和传统，是我们身份认同的重要标志。

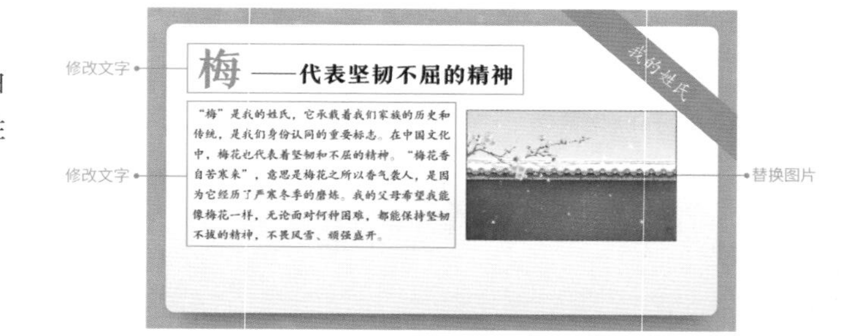

第四页：我的名字

“我的名字”部分，介绍名字的含义或独特之处。参考句式：“××”是我的名字，它寄托着父母对我的希望。

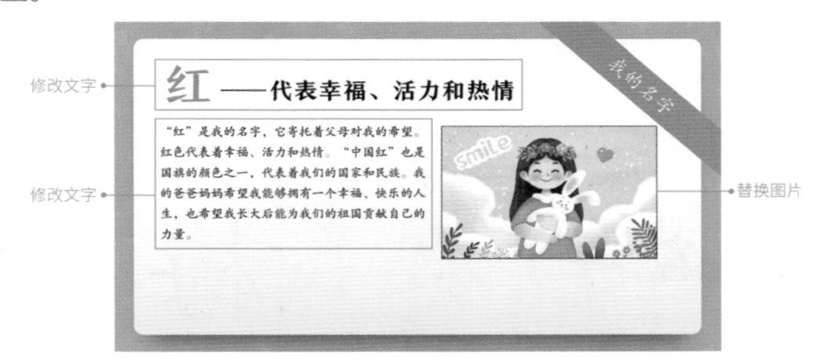

第五页：总结与展望

“总结与展望”部分，总结对自己名字的看法和认识，以及对未来的展望。

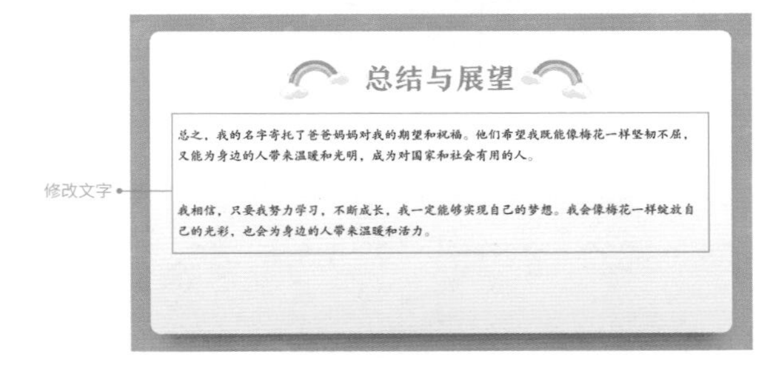

第六页：结尾页

结尾页告诉大家“介绍完毕”，需要将班级和姓名再写一遍。

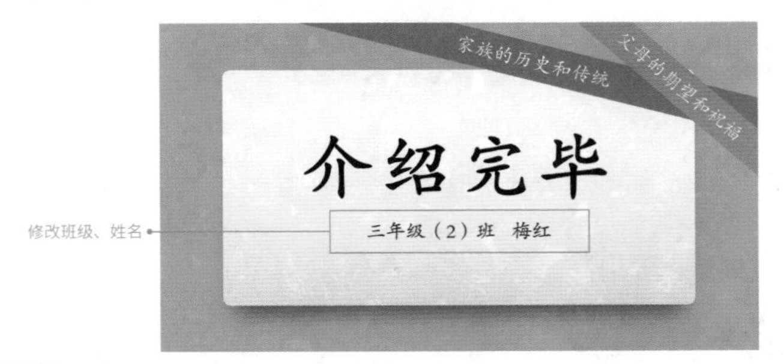

更多建议

除了模板中提到的内容，你还可以从以下几个方面进行优化。

1. 介绍相关经历：可以介绍与名字相关的经历，展示名字对自己的意义和影响。
2. 突出个性特点：可以将名字与兴趣爱好、特长等相关内容联系起来，展示自己的个性和特点。
3. 练习发音：如果你的名字有难读的音节，最好提前练习并确保发音准确。这有助于提高你的介绍效果，并让听众更好地理解你的内容。

注意事项

不同性别、不同名字字数的模板版本。

男生版本

示例模板为女生版本，如果是男生，可在附赠的模板文件中选择男生版本。

多字名字版本

“名字的写法”部分，如果名字字数多，可在附赠的模板文件中选择“三字名”“四字名字”的模板页。

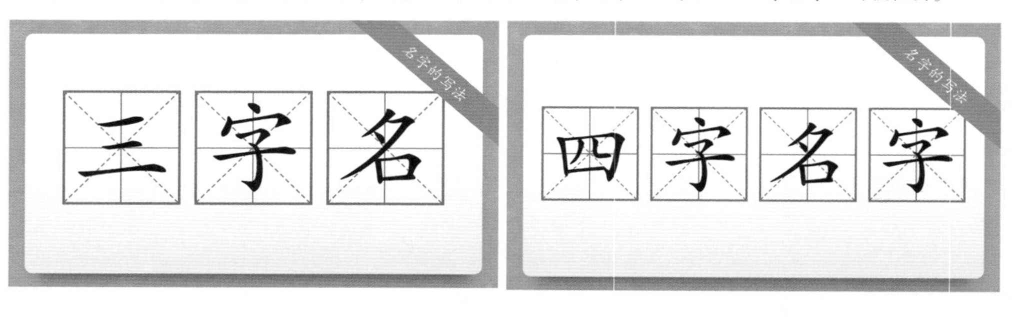

我的家乡

“

在介绍自己的家乡时，可以从美食、美景、文化、历史等方面着手，用形象的比喻和具体的例子让听众更好地理解和感受家乡的特色和魅力。

内容结构

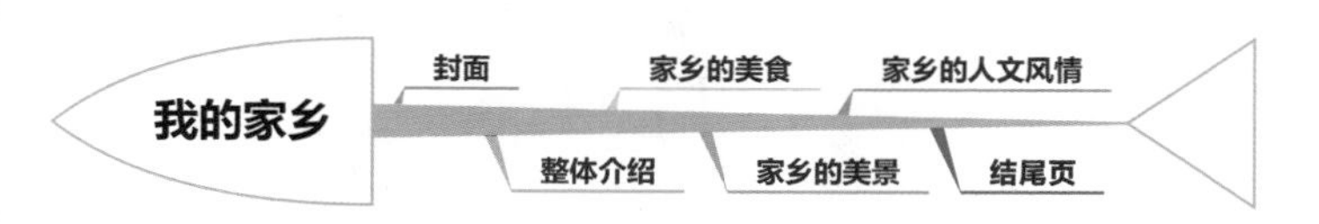

模板运用

运用美化模板时，注意替换班级、姓名和图片，并对文字介绍的内容做适当的修改。

”

第一页：封面

封面内容包含标题——“我的家乡”，以及班级和姓名。

第二页：整体介绍

“整体介绍”部分，概述家乡的地理位置、自然环境和历史文化等。

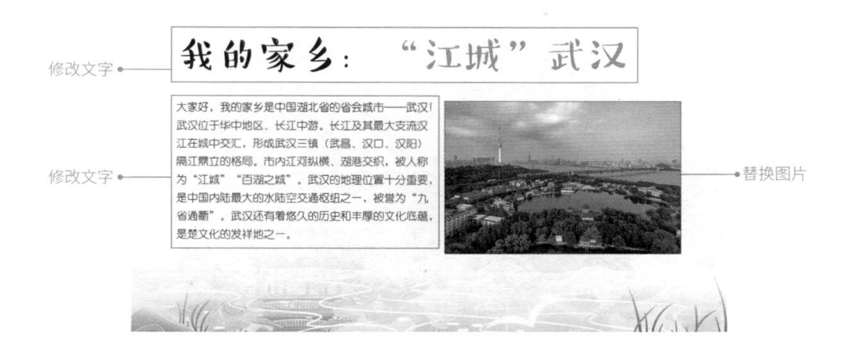

第三页：家乡的美食

“家乡的美食”部分，介绍家乡的特色美食，如小吃、家常菜等，可以说说这些美食的独特之处和制作方法。

第四页：家乡的美景

“家乡的美景”部分，介绍家乡的著名景点，如风景名胜、历史文化遗址等，可以说说这些景观给人们带来的感受。

第五页：家乡的人文风情

“家乡的人文风情”部分，介绍家乡的文化、艺术、历史、传统等，让听众更好地感受家乡的特色和魅力。

第六页：结尾页

结尾页向听众发出邀请——“欢迎来做客”，需要将班级和姓名再写一遍。

更多建议

除了模板中提到的内容，你还可以从以下几个方面进行优化。

1. 气候特点：描述家乡的气候特点，如四季分明、温暖湿润等，以及气候对生活的影响。
2. 教育资源：介绍家乡的教育资源，如学校、教育机构等，以及这些资源对家乡人的成长和发展带来的影响。
3. 经济发展：介绍家乡的经济发展情况，如工业、农业、旅游业等，以及这些产业对家乡的影响和产业发展前景。
4. 社会风貌：描述家乡的社会风貌，如人们的衣食住行、社会氛围等，以及这些因素给人们的生活带来的影响。

注意事项

“家乡的美食”部分，在附赠的模板文件中有不同地区、民族的美食插画可选。

安徽 福建 甘肃 广东 广西 贵州 海南 河北
河南 黑龙江 湖北 湖南 吉林 江苏 江西 辽宁
内蒙古 宁夏 青海 山东 山西 陕西 四川 台湾
西藏 新疆 云南 浙江 澳门 北京 成都 广州
哈尔滨 海口 杭州 济南 兰州 乐山 洛阳 南京
宁波 青岛 厦门 上海 深圳 沈阳 苏州 天津
无锡 武汉 香港 长沙 重庆 白族 布朗族 布依族
朝鲜族 傣族 侗族 满族 苗族 土家族 彝族

03 我的成长历程

"在介绍自己的成长历程时，可以从不同的年龄阶段着手，讲述自己从婴儿时期开始的成长经历和收获。

内容结构

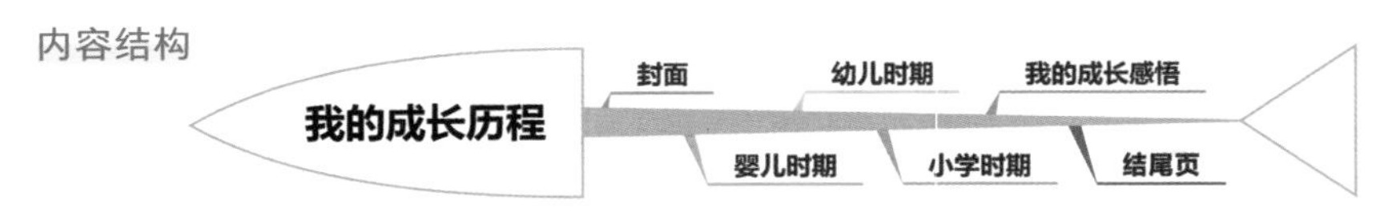

模板运用

运用美化模板时，注意替换班级、姓名和图片，并对文字介绍的内容做适当的修改。"

第一页：封面

封面内容包含标题——"我的成长历程"，以及班级和姓名。

第二页：婴儿时期

"婴儿时期"部分，介绍自己刚出生时的样子，以及和爸爸妈妈的互动。

第三页：幼儿时期

“幼儿时期”部分，介绍自己长大一点后的成长变化，经过不断的尝试和失败之后，学会了更多技能。

第四页：小学时期

“小学时期”部分，介绍自己上小学以后的成长变化，面对困难和挫折自己会如何解决。

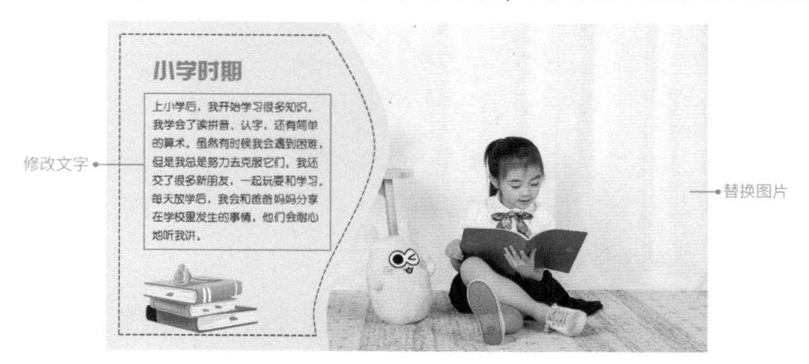

第五页：我的成长感悟

“我的成长感悟”部分，总结自己从小到大的成长体会，学到了哪些知识，明白了什么道理。

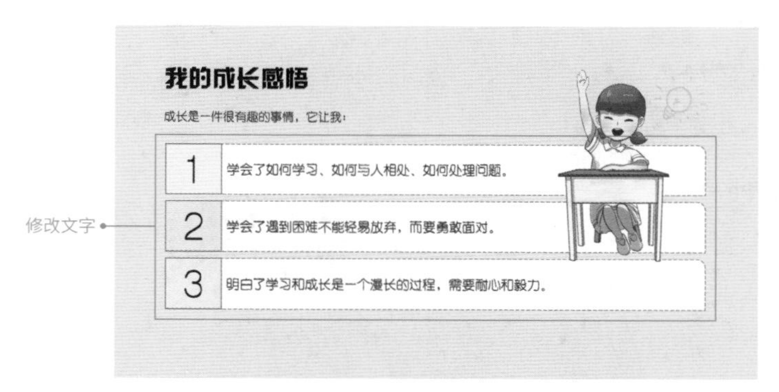

第六页：结尾页

结尾页说出自己的成长口号——“克服困难，不断成长”，需要将班级和姓名再写一遍。

更多建议

除了模板中提到的内容，你还可以从以下几个方面进行优化。

1. 描述学校生活：介绍自己的学校、班级、老师和同学，以及自己在学校中的表现和经历。
2. 分享成长故事：讲述自己成长过程中的重要事件，如学会新技能、面对挑战、解决问题等。
3. 表达对未来的展望：分享自己的理想和目标，以及为实现这些目标制订的计划和付出的努力。

注意事项

不同的模板版本。

标题

示例模板为女生版本，附赠的模板文件中另有男生版本可选。

04 我的兴趣爱好

在介绍自己的兴趣爱好时，首先要明确自己的兴趣爱好是什么，然后再展开介绍。例如，喜欢阅读、喜欢画画、喜欢运动、喜欢音乐等。

内容结构

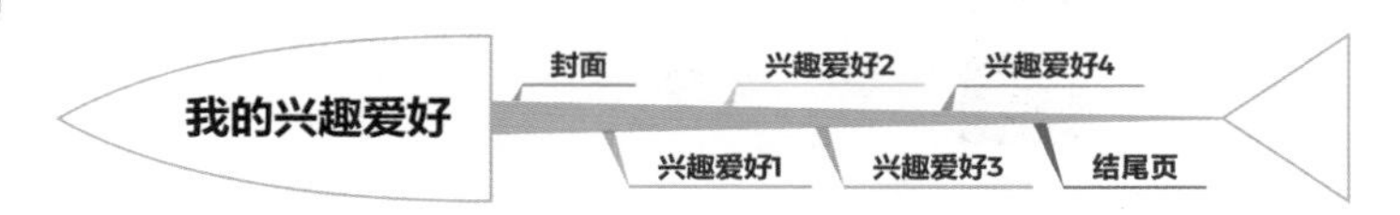

模板运用

运用美化模板时，注意替换班级、姓名和图片，并对文字介绍的内容做适当的修改。

第一页：封面

封面内容包含标题——“我的兴趣爱好”，以及班级和姓名。

第二页：兴趣爱好 1

“兴趣爱好 1”部分，告诉大家“我喜欢画画”并展示自己的画作，介绍自己的创作过程和灵感来源。

第三页：兴趣爱好 2

“兴趣爱好 2”部分，告诉大家“我喜欢阅读”并展示几本自己读过的书，分享一些读书笔记和心得体会。

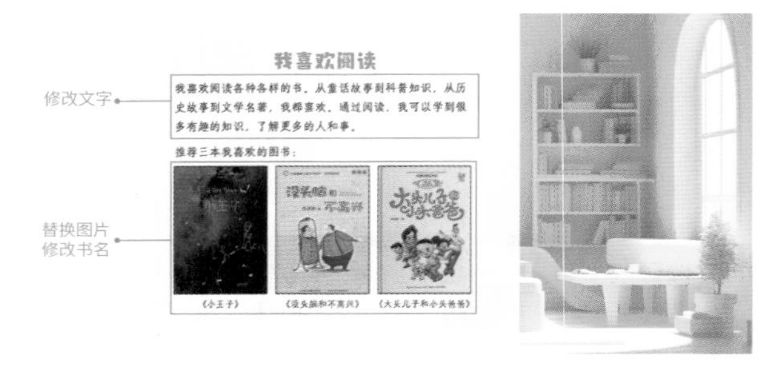

第四页：兴趣爱好 3

“兴趣爱好 3”部分，告诉大家“我喜欢运动”并展示自己运动时的照片，分享一些运动心得和体验。

第五页：兴趣爱好 4

“兴趣爱好 4”部分，告诉大家“我喜欢做手工”并展示自己做过的手工制品，分享一些制作过程和心得体会。

第六页：结尾页

结尾页用一句话总结兴趣爱好带给自己的意义——“探索自我，享受快乐”。需要将班级和姓名再写一遍。

修改班级、姓名

更多建议

除了模板中提到的内容，你还可以从以下几个方面进行优化。

1. 兴趣爱好的影响和意义：可以分享兴趣爱好对自己的生活和学习的影响和意义，比如提高了自己的创造力和想象力、增强了自信心和自尊心、培养了良好的学习习惯等。
2. 有关兴趣爱好的未来计划和目标：可以分享自己的未来计划和目标，比如想要在兴趣爱好方面取得更好的成绩，想要学习更多的技能等。

注意事项

不同性别的模板版本和修改兴趣爱好注意事项。

男生版本

示例模板为女生版本，如果是男生，附赠的模板文件中另有男生版本可选。

修改兴趣爱好注意事项

如果你的兴趣爱好并非模板中的这几种，注意修改兴趣爱好页的大标题并替换背景图。

05

我的爸爸妈妈

在介绍爸爸妈妈时，可以介绍他们的职业、爱好、性格等，以及他们对自己的关爱和支持；还可以展示家庭照片，讲述你和他们的互动经历，让同学们能够更好地了解你的爸爸妈妈。

内容结构

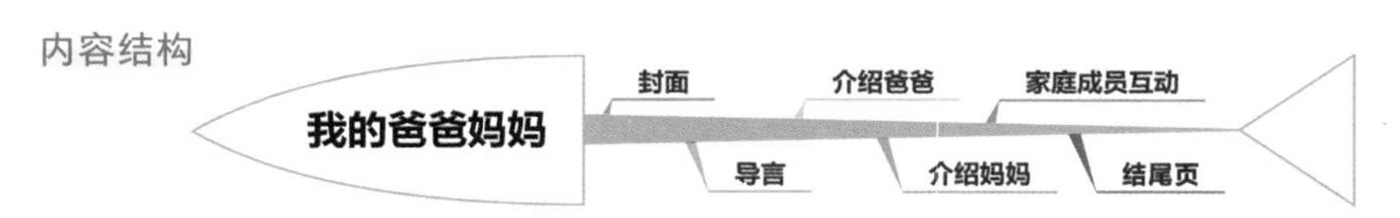

模板运用

运用美化模板时，注意替换班级、姓名和图片，并对文字介绍的内容做适当的修改。

第一页：封面

封面内容包含标题——“我的爸爸妈妈”，以及班级和姓名。

第二页：导言

“导言”部分，引入对爸爸妈妈的介绍，放一张他们的合照。

第三页：介绍爸爸

“介绍爸爸”部分，讲述爸爸的职业、性格、生活习惯等。展示一张爸爸认真工作或居家生活的照片。

第四页：介绍妈妈

“介绍妈妈”部分，讲述妈妈的职业、性格、生活习惯等。展示一张妈妈认真工作或居家生活的照片。

第五页：家庭成员互动

“家庭成员互动”部分，介绍你和爸爸妈妈的互动经历。展示你们在一起游玩的照片或者一些温馨的家庭场景。

第六页：结尾页

结尾页表达你对爸爸妈妈的爱和感激——“我爱爸爸妈妈”，需要将班级和姓名再写一遍。

更多建议

除了模板中提到的内容，你还可以从以下几个方面进行优化。

1. 爸爸和妈妈的外貌特征，如发型、眼睛、身高、体重等。
2. 爸爸和妈妈的性格特点，如开朗、内向、严肃、温柔等。
3. 爸爸和妈妈的教育理念，如是否注重培养自己的独立性、自信心等。

注意事项

半透明背景图的更换。

更换半透明背景图

封面和结尾页的背景图，可以替换成爸爸妈妈的合照，但需要注意 3 ～ 5 页的背景图也需要一并替换，方法如下。

（1）选中“导言”页幻灯片缩略图，按回车键新建一页幻灯片，粘贴待替换图片。

（2）选中“介绍爸爸”页的半透明背景图。

（3）执行“开始>剪贴板>格式刷”命令，激活格式刷工具。

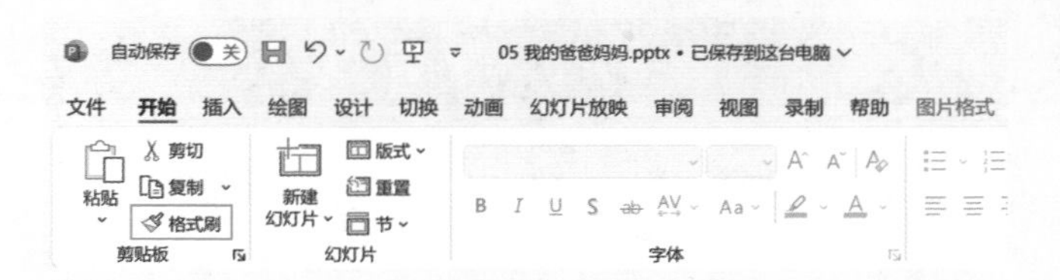

（4）回到新建页，单击待替换图片。这样操作，就可以把待替换图片变成半透明效果了。

（5）删除“介绍爸爸”页原始模板的半透明背景图，再将处理好的半透明图片放到“介绍爸爸”页，执行“开始＞绘图＞排列＞置于底层”命令。

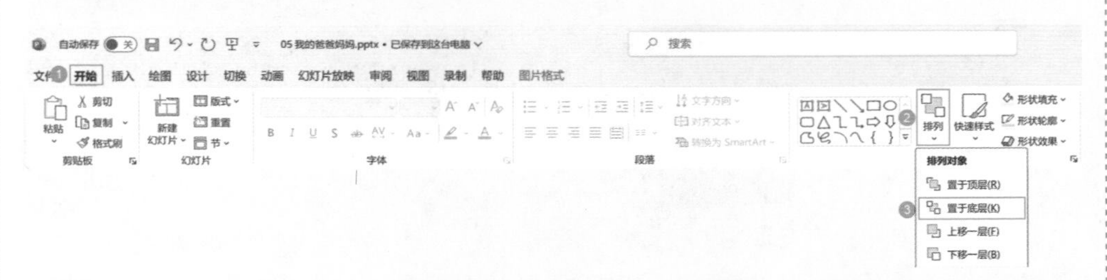

（6）处理完毕，半透明背景图就替换好了。

我的动物朋友

导言

大家好，今天我想向大家介绍我的动物朋友——一只可爱的小猫。它非常活泼，带给我很多快乐。

- 姓名：咪咪
- 年龄：1岁
- 性别：雌性
- 品种：布偶猫

小猫的外貌特点

小猫有一身柔软的毛发，眼睛亮晶晶的，耳朵尖尖的，嘴巴小小的，尾巴长长的，四肢非常灵活。它非常可爱，让人忍不住想摸摸它。

小猫的生活习性

小猫非常活泼，喜欢在家里跑来跑去，还喜欢玩毛线球。它非常聪明，能感知到我的情绪，这让我感到非常惊奇。它还喜欢在我做作业时在我身上蹭来蹭去，让我感到很温暖。

我和小猫的故事

有一天，我放学回家，小猫突然跑过来闻了闻我的鞋子。我问它："你在干什么呀？"它抬起头，用那双湿漉漉的大眼睛看着我，好像在说："我只是想和你更亲近！"从那以后，每天我回到家，它都会跑过来闻我的鞋子。久而久之，这就成了一个小习惯。

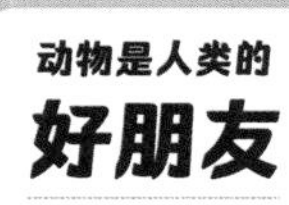

07 我的家庭成员

注意事项

本篇模板用到了非常规图片的替换方法，请参考本书中“97 怎样替换不同的模板图片”，查看非常规图片的替换方法。

08 我的理想

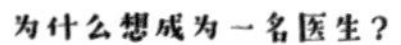

医生的工作

医生的工作不仅是治疗疾病，还包括预防疾病及为人们提供健康咨询，帮助人们保持健康。

我要怎么做？

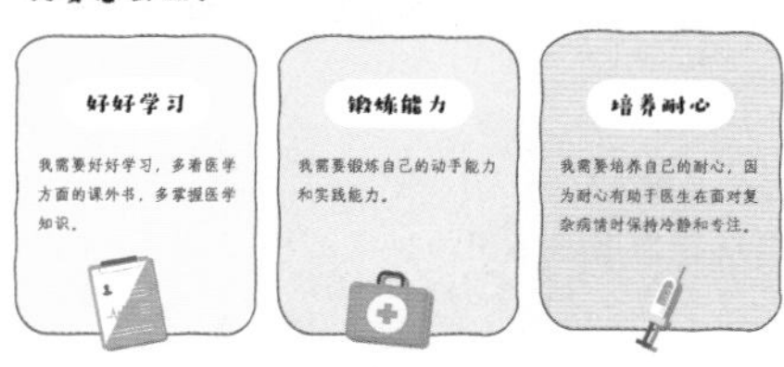

遇到困难怎么办？

在实现理想的过程中，我可能会遇到学习压力大、学习内容难等挑战，但是我相信只要我努力、坚持、不放弃，就一定能够克服困难，实现我的理想！

从小立志，长大为医！

三年级（2）班 小玩子

我的偶像

我心目中的偶像
鲁迅
三年级（2）班 小玩子

鲁迅先生的基本信息
鲁迅（1881年9月25日—1936年10月19日），原名周樟寿，后改名周树人，字豫山，后改字豫才，浙江绍兴人。著名文学家、思想家、革命家、教育家、民主战士，新文化运动的重要参与者，中国现代文学的奠基人之一。

鲁迅先生的文学成就
鲁迅先生是中国现代文学的奠基人之一。他的作品语言犀利，思想深刻，反映了当时社会的黑暗和人民的苦难。《呐喊》等作品激励了一代又一代中国人追求真理和进步。
呐喊
彷徨
-鲁迅作品-
野草
华盖集

鲁迅先生的革命精神
鲁迅先生不仅是一位文学家，还是一位革命家。他积极投身于新文化运动，倡导民主和科学。他用文学作武器，批判封建礼教，以期唤醒麻木不仁的国人。

地上本没有路，
走的人多了，
也便成了路。
——鲁迅
鲁迅先生对我的影响
鲁迅先生的作品让我认识到了旧社会的黑暗和人民的苦难。他教会了我要勇敢面对现实，追求真理和进步。我会以鲁迅先生为榜样，努力学习，做一个对社会有用的人。

横眉冷对千夫指，
俯首甘为孺子牛。
——鲁迅
三年级（2）班 小玩子

10 整体自我介绍

注意事项

示例模板为女生模板，附赠的模板文件中另有男生版本可选（图略）。

CHAPTER 02

POWERPOINT

第2章 知识分享类

11

经典故事分享

在分享故事时，建议选择容易理解的故事主题和内容，可以是一个经典的童话、寓言或者有趣的小故事。

内容结构

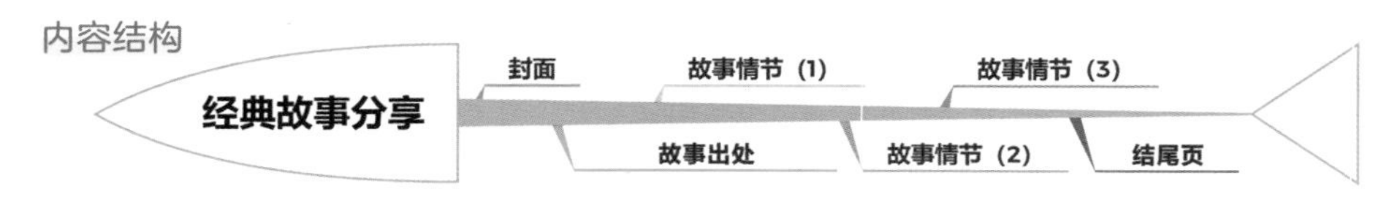

模板运用

运用美化模板时，注意替换班级、姓名和图片，并对文字介绍的内容做适当的修改。

第一页：封面

封面部分，包含标题——“×× 的故事”，以及班级和姓名。

第二页：故事出处

“故事出处”部分，介绍故事出自哪里。

第三页：故事情节（1）

“故事情节（1）”部分，讲述故事的第一个片段。

第四页：故事情节（2）

“故事情节（2）”部分，讲述故事的第二个片段。

第五页：故事情节（3）

“故事情节（3）”部分，讲述故事的第三个片段。

第六页：结尾页

结尾页总结这个故事告诉我们的道理，需要将班级和姓名再写一遍。

更多建议

除了模板中提到的内容，你还可以从以下几个方面进行优化。

1. 理解和准备故事：在分享故事之前，自己先认真阅读故事，理解故事的主题、情节和情感，构思好讲述故事的思路。

2. 讲述故事：在讲述故事时，使用生动的语言和表情，注意语速和语调的变化，让故事听起来更加有趣。可以适当运用肢体语言，增强故事的感染力。

3. 互动交流：在讲述过程中，可以与听众进行互动交流，提问或引导他们猜测故事情节，让他们更加投入其中。

注意事项

示例模板为女生版本，如果是男生，附赠的模板文件中另有男生版本可选。

在分享经典成语时，可以选择自己感兴趣的成语，然后通过故事的形式来解释这个成语的由来和含义。这样既可以吸引听众的注意力，又可以帮助他们更好地理解成语的含义。

内容结构

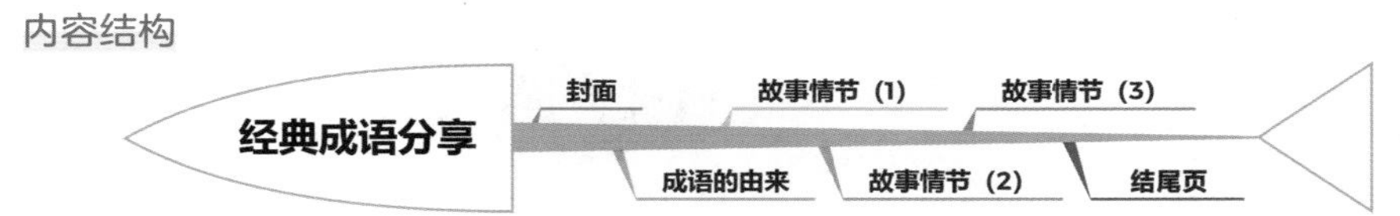

模板运用

运用美化模板时，注意替换班级、姓名和图片，并对文字介绍的内容做适当的修改。

第一页：封面

封面内容包含标题——“××——经典成语分享”，以及班级和姓名。注意，竖版文字的书写顺序是从上到下，从右到左。

第二页：成语的由来

“成语的由来”部分，介绍成语的来源，指出你所分享的这个成语的来源，并概述其背景故事。

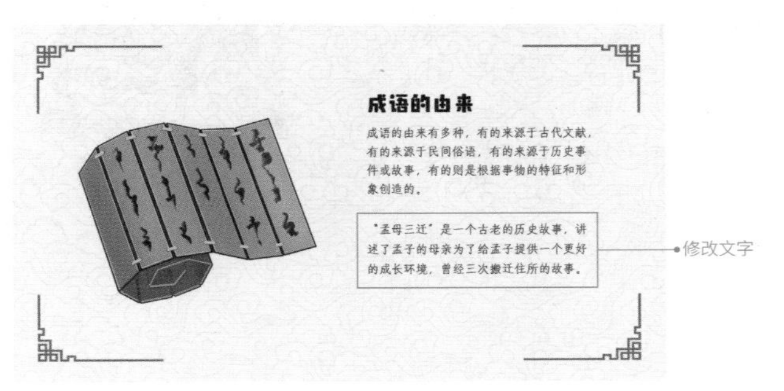

第三页：故事情节（1）

“故事情节（1）”部分，讲述故事的第一个片段。

第四页：故事情节（2）

“故事情节（2）”部分，讲述故事的第二个片段。

第五页：故事情节（3）

“故事情节（3）”部分，讲述故事的第三个片段。

第六页：结尾页

结尾页，告诉大家从这个成语故事中得到的启示，需要将班级和姓名再写一遍。注意，竖版文字的书写顺序是从上到下，从右到左。

更多建议

除了模板中提到的内容，分享时还可以结合以下几个方面进行优化。

1. 表演短剧：可以组织一场小型的短剧表演，通过角色扮演来展示这个成语的故事情节。
2. 分享生活经验：可以分享自己在生活中遇到的与成语相关的情境或故事，让听众更好地理解成语在实际生活中的应用。
3. 制作成语卡片：可以制作一些成语卡片，每张卡片上写一个成语，然后解释这个成语的由来和含义。

注意事项

更多的成语示例。附赠的文件中提供了“对牛弹琴”“画蛇添足”“刻舟求剑”等成语插图，可用于制作其他成语故事 PPT。

13 历史名人分享

介绍历史名人的方式可以相对简单和生动，介绍的主要目的是让听众对历史人物产生兴趣，并了解其基本事迹和精神品质。建议选择那些对孩子来说较为熟悉，且具有教育意义的历史人物，如孔子、屈原、李白等。

内容结构

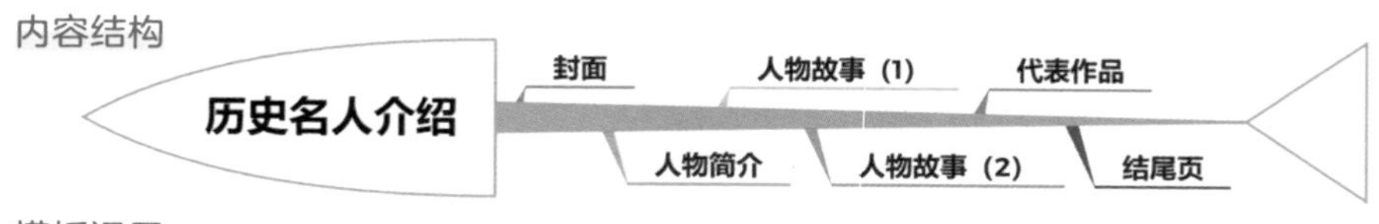

模板运用

运用美化模板时，注意替换班级、姓名和图片，并对文字介绍的内容做适当的修改。

第一页：封面

封面内容包含标题——“中国历史名人介绍”和“××”（名人的名字），以及班级和姓名。

第二页：人物简介

“人物简介”部分，概述名人的基本信息，如出生时间、出生地、历史贡献和代表作品等。

第三页：人物故事（1）

“人物故事（1）”部分，讲述人物生平故事的第一个片段。

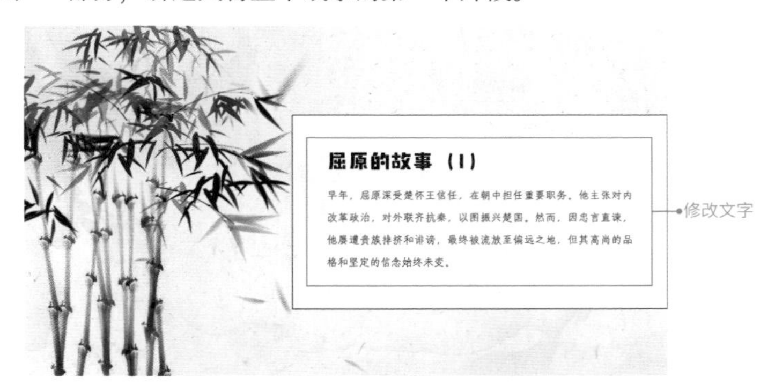

第四页：人物故事（2）

“人物故事（2）”部分，讲述人物生平故事的第二个片段。

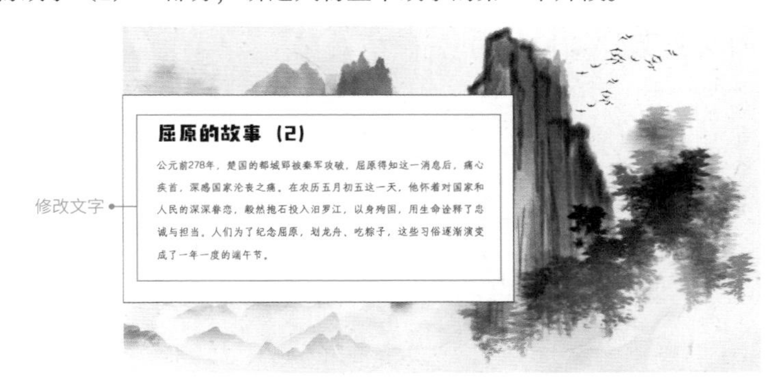

第五页：代表作品

“代表作品”部分，展示名人的代表作品，例如文章、诗词、书法、绘画作品等。注意，竖版文字的书写顺序是从上到下，从右到左。此处竹简文字可直接编辑修改。

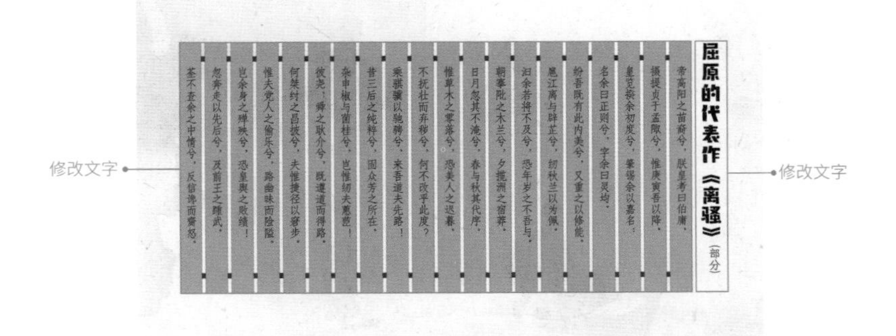

第六页：结尾页

结尾页分享自己的感悟和思考，需要将班级和姓名再写一遍。

更多建议

除了模板中提到的内容，你还可以从以下几个方面进行优化。

1. 名言警句或故事：选取一些与历史名人相关的名言警句或故事，分析这些名言或故事背后的含义和价值。
2. 纪念活动：介绍现今社会是如何纪念这位历史名人的，如设立纪念日、修建纪念馆或举办相关活动等。
3. 后人评价：收集不同时代、不同领域的人对这位历史名人的评价，展示其在历史上的重要地位和影响力。
4. 与其他名人的比较：将这位历史名人与其他同时代或不同时代的名人进行比较，突出其独特之处和贡献。

注意事项

附赠的模板文件中提供了"孔子""华佗"等名人插图，可用于制作更多名人故事。

14 英语阅读分享

在分享英语阅读时，建议选择适合其相应学习水平和兴趣的阅读材料，如儿童故事、科普文章等。

内容结构

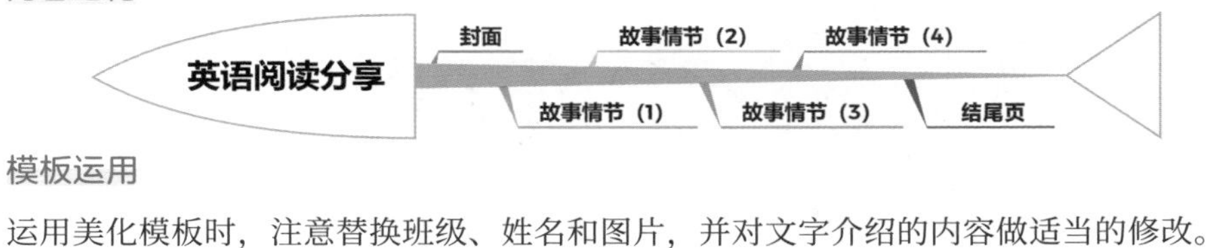

模板运用

运用美化模板时，注意替换班级、姓名和图片，并对文字介绍的内容做适当的修改。

第一页：封面

封面内容包含标题——“A Classic Fairy Tale -××”，以及班级和姓名。

第二页：故事情节（1）

“故事情节（1）”部分，讲述故事的第一个片段。

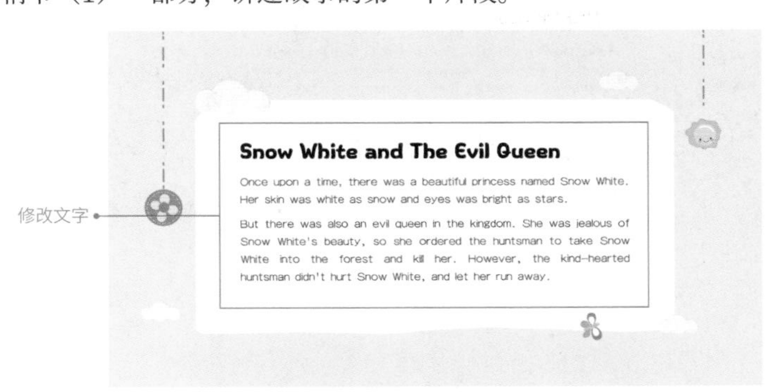

第三页：故事情节（2）

“故事情节（2）”部分，讲述故事的第二个片段。

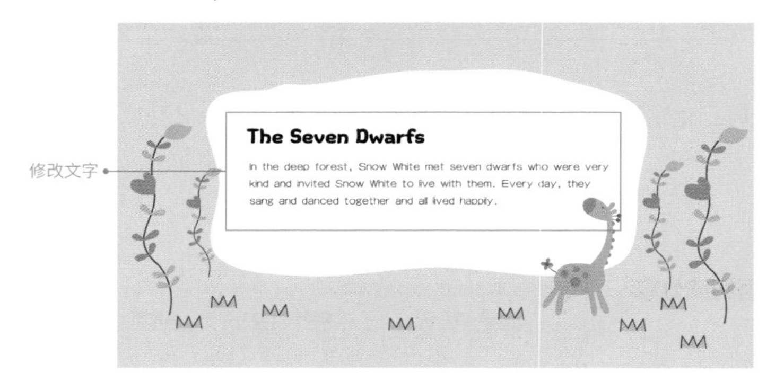

第四页：故事情节（3）

“故事情节（3）”部分，讲述故事的第三个片段。

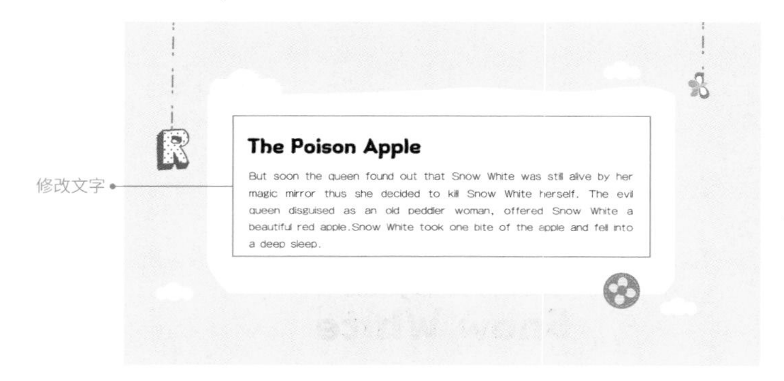

第五页：故事情节（4）

“故事情节（4）”部分，讲述故事的第四个片段。

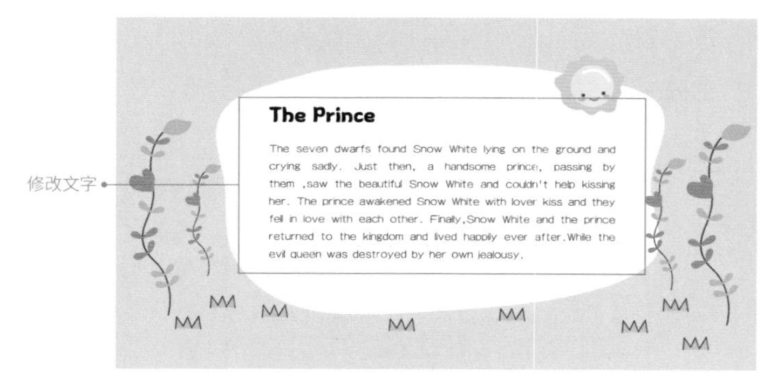

第六页：结尾页

结尾页介绍这个故事带给大家的启示和感悟，需要将班级和姓名再写一遍。

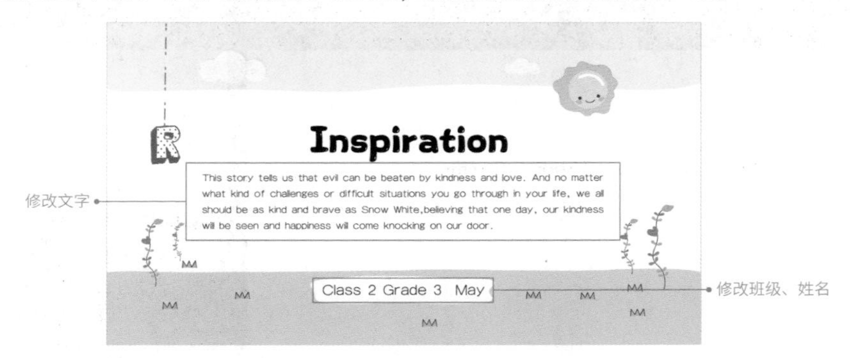

更多建议

除了模板中提到的内容，你还可以从以下几个方面进行优化。

1. 充分理解阅读内容：在分享之前，确保自己已经充分理解了阅读材料的内容，包括主题、情节、人物等。
2. 清晰表达：在分享时，尽量用简单、清晰的语言表达自己的观点和想法。避免使用过于复杂的词和句式，以免让听众感到困惑。
3. 注意语音语调：在分享时，注意语音语调的变化，以吸引听众的注意力。

注意事项

附赠的模板文件中添加了 Snow White 中英对照，打开模板文件的备注栏就能看到。另附有 Word 版本，方便打印练习。

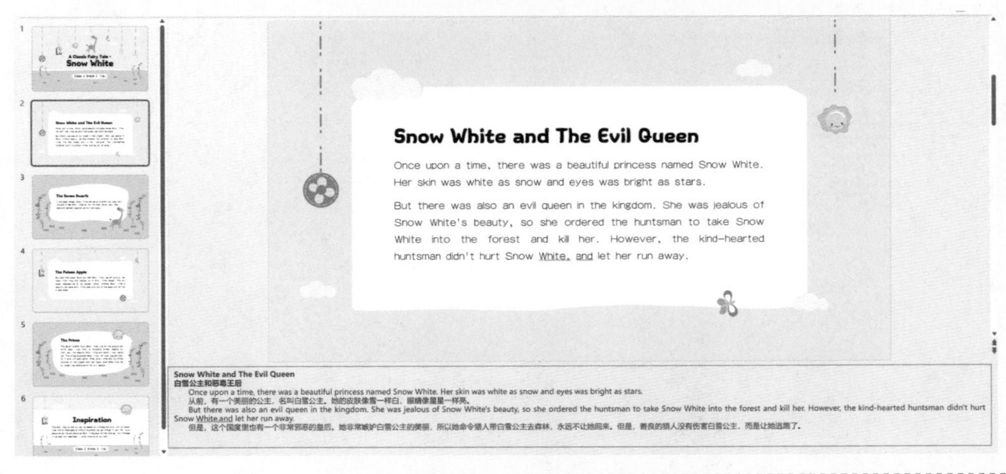

全屏放映时，能在“演示者视图”中看到中英译文，避免演讲时紧张忘词。

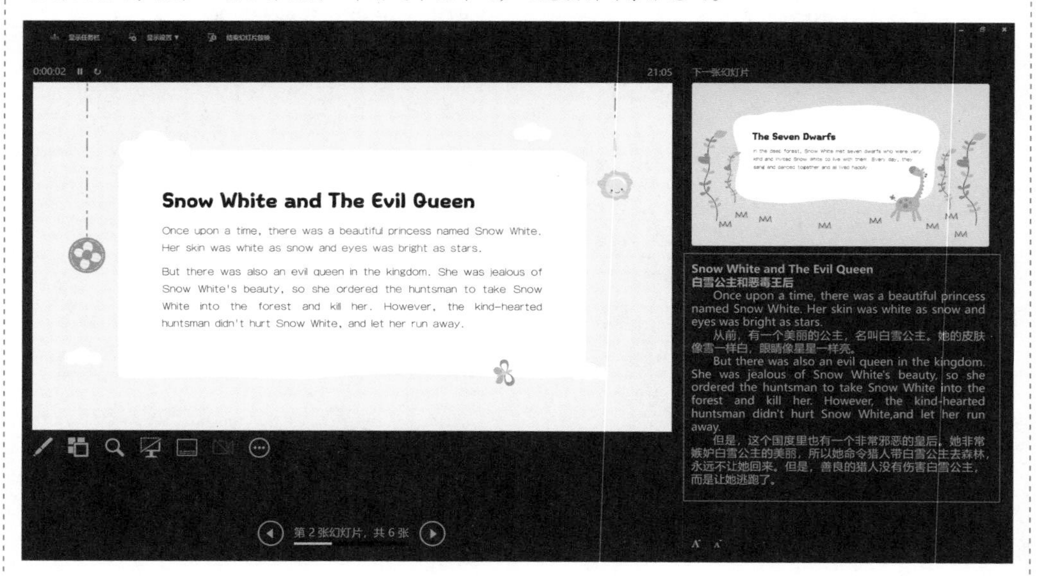

其他故事译文获取方法

分享其他英语故事时，可以借助翻译网站（如百度翻译或有道翻译等）获取中英对照译文。这里以百度翻译为例介绍用法。

打开百度翻译网页。复制粘贴英语原文，英文就会实时翻译成中文。再根据需要点击“拼音”和“双语对照”开关按钮，就会出现拼音和双语对照。

15 数学知识分享

在分享数学知识时，建议尽量用简单、清晰的语言来解释数学概念和公式。避免使用过于复杂的词和句式，以免让同学们感到困惑。

内容结构

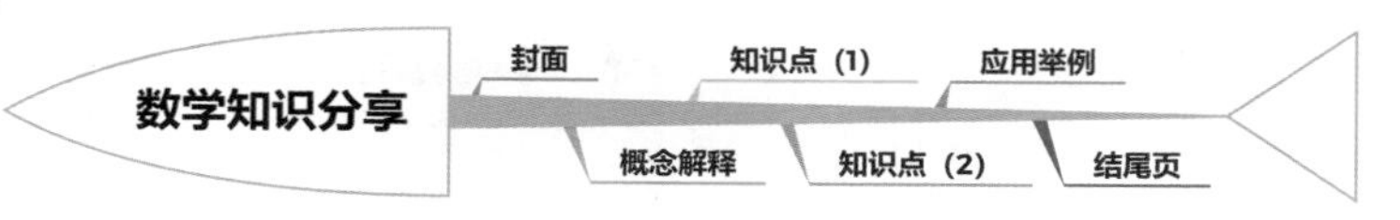

模板运用

运用美化模板时，注意替换班级、姓名和图片，并对文字介绍的内容做适当的修改。

第一页：封面

封面内容包含标题——“数学知识分享——××”，以及班级和姓名。

第二页：概念解释

“概念解释”部分，解释数学名词的概念和读写方法，让同学们对此有个初步的认识。

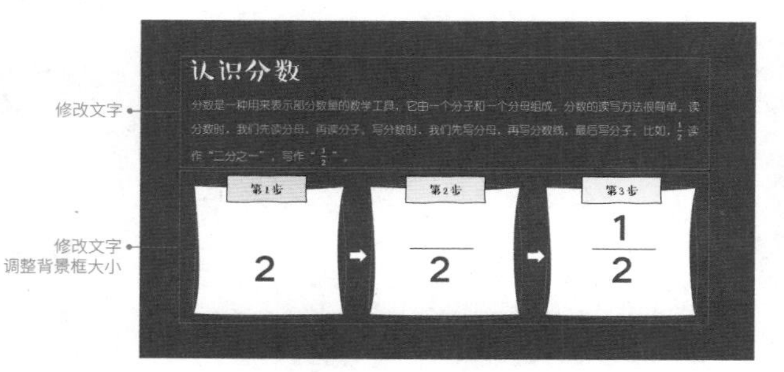

第三页：知识点（1）

“知识点（1）”部分，分享第一个知识点，图文结合。

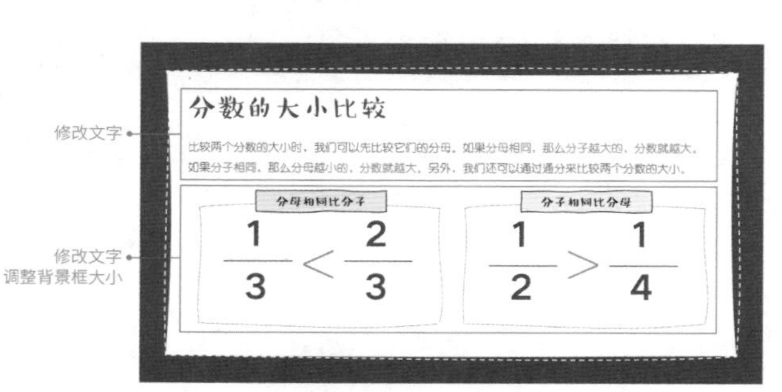

第四页：知识点（2）

“知识点（2）”部分，分享第二个知识点，图文结合。

第五页：应用举例

“应用举例”部分，分享一个与这个知识点相关的应用实例，增加趣味性。

第六页：结尾页

结尾页，分享完毕，问问大家“你学会了吗”，需要将班级和姓名再写一遍。

更多建议

除了模板中提到的内容，你还可以从以下几个方面进行优化。

1. 利用数学教具和模型：可以借助数学教具和模型来辅助讲解。例如，在讲解几何图形时，可以使用几何图形模型来展示图形的特点和性质。
2. 设计数学游戏和活动：为了增加趣味性和互动性，可以设计一些数学游戏和活动。例如，可以组织同学们进行数学竞赛，或者设计一些数学谜题和智力题让同学们解答。
3. 分享数学故事和数学家的故事：可以向同学们介绍一些有趣的数学故事或数学家的故事，例如数学公式的发现过程、数学家的奇闻趣事等。

注意事项

附赠的模板文件中提供了更多数学相关的图标，可用于制作更多数学知识的分享内容。

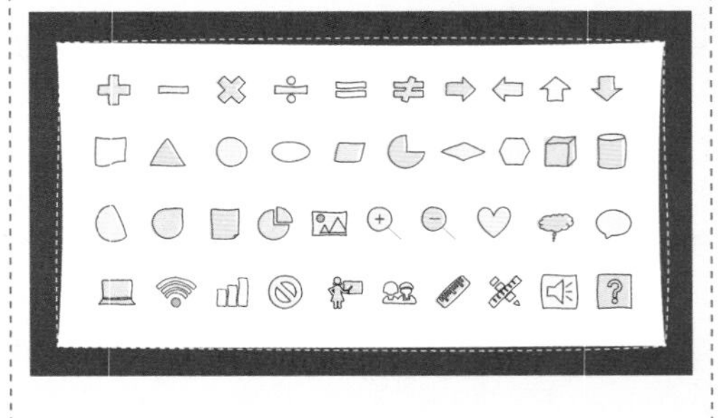

16 经典诗词分享

诗人介绍

李白，唐朝著名诗人，被誉为"诗仙"。他的诗歌充满了豪情壮志和奇妙的想象力，让读者感受到大自然的美丽和人生的意义。李白的诗歌涉及很多主题，如山水、友情、爱情、历史等，每一首都充满了个性和魅力。

望庐山瀑布

唐·李白

日照香炉生紫烟，
遥看瀑布挂前川。
飞流直下三千尺，
疑是银河落九天。

诗意解读

日照香炉生紫烟 解释：太阳照射在香炉峰上，升起了紫色的烟雾。这里的"香炉"指的是香炉峰，因形状像香炉而得名。

遥看瀑布挂前川 解释：远远望去，瀑布就像一条白色绸绸悬挂在山前。"挂前川"意味着瀑布从高处倾泻而下，就像一条白色绸绸悬挂在山前。

飞流直下三千尺 解释：水流从很高的地方直直地冲下来，好像有三千尺那么长。"三千尺"并不是实际的长度，而是用来形容瀑布的高度和壮观。

疑是银河落九天 解释：这景象让我怀疑，是不是银河从天上掉到了人间。这里诗人用了一个非常浪漫的比喻，将瀑布比作从天上落下的银河。

互动环节

大家也来试试吧！发挥你的想象力，画出你心中的庐山瀑布。也可以试着用自己的话说一说，看看你能不能像李白一样，把美景描绘得如此生动。

以上就是我今天要分享的《望庐山瀑布》，希望我们都能像李白一样，善于发现生活中的美，用我们的方式去表达它。

三年级（2）班 小玩子

17 电影观后感

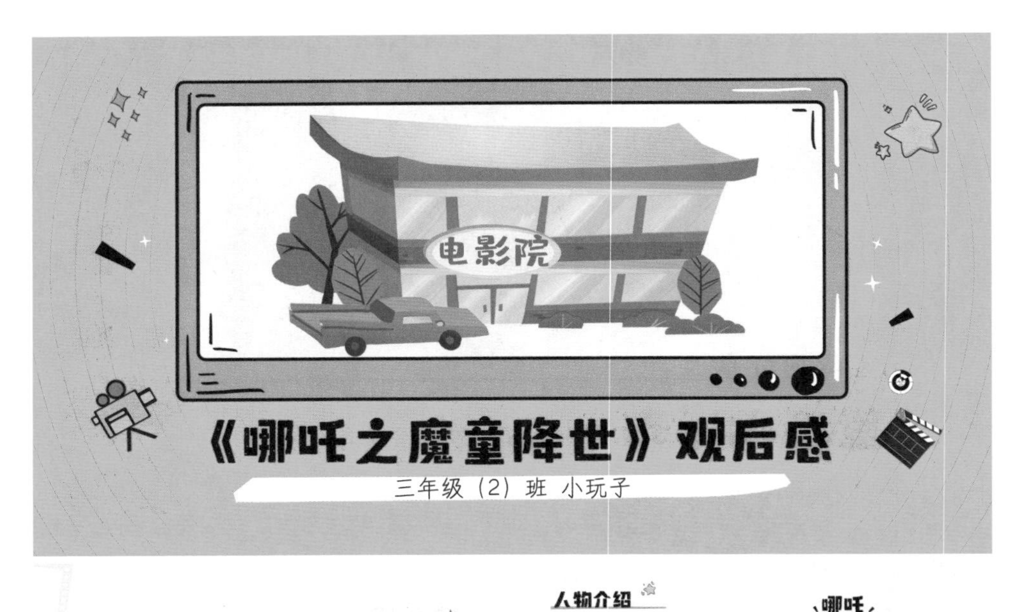

人物介绍

敖丙

哪吒的好朋友，一个温柔又强大的角色。敖丙一直支持哪吒，帮助他战胜困难，两人之间的友谊非常深厚。

哪吒

他是这部电影的主角，一个被大家误解为"魔童"的英雄。他用自己的行动证明了自己的价值，最终赢得了大家的尊重。

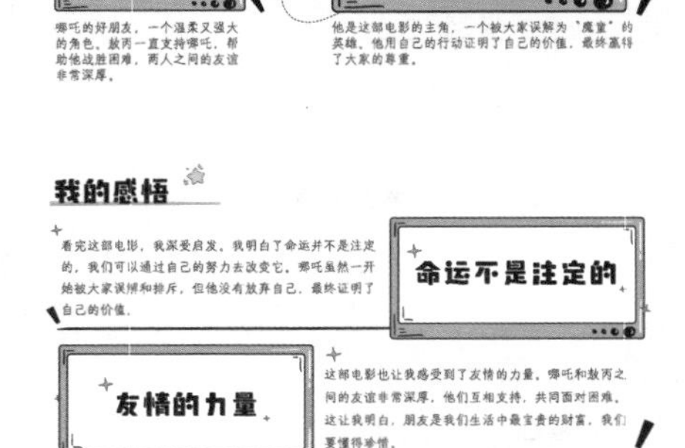

18 非遗文化知识分享

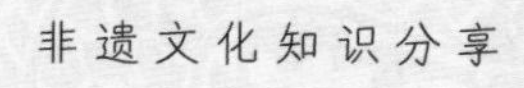

非遗文化知识分享

戏剧文化——京剧

三年级（2）班 小玩子

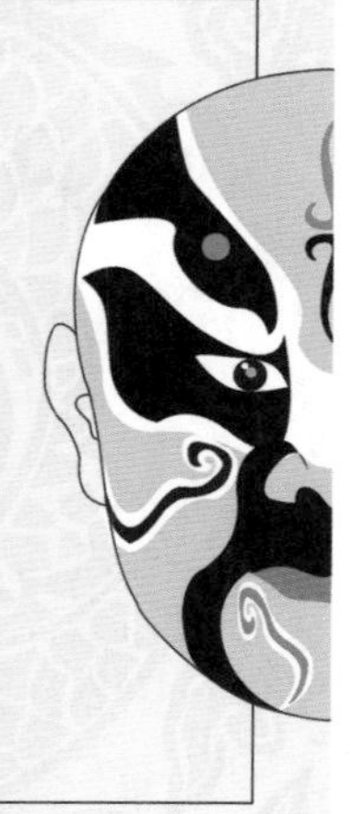

了 解 戏 剧 ， 感 受 传 统 文 化 魅 力 ！

京剧简介

京剧是中国的国粹，起源于北京，已有两百多年的历史。它是中国戏曲艺术的代表，融合了各地的戏曲艺术特色，展现了中华文化的博大精深。

清代“四大徽班”进京，以安徽徽剧为基础，融合了多种戏曲形式，形成京剧的雏形。经过艺术家们的努力和创新，京剧成为高度程式化、规范化的综合表演体系。

京剧的行当与角色

生

男性角色，分为老生、小生等。

旦

女性角色，包括青衣、花旦、武旦等。

净

花脸角色，以面部化妆为特色，分为文净和武净。

丑

滑稽角色，分为文丑和武丑，擅长表演诙谐幽默的戏份。

京剧的表演形式

唱 京剧唱腔独特，有严格的音律和节奏。

念 京剧中的念白有固定的韵律和节奏，与唱腔相协调。

做 表演动作要求严谨，富有舞蹈性。

打 京剧中的武打场面精彩纷呈，展现了高超的技艺。

京剧的经典剧目

白蛇传

贵妃醉酒

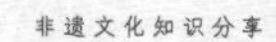

非遗文化知识分享

分享完毕

三年级（2）班 小玩子

了 解 戏 剧 ， 感 受 传 统 文 化 魅 力 ！

AI工具助力学习知识分享

AI工具帮我检查作业

以前，每次做完作业，我都要花很多时间检查，生怕有错误。但是，自从我用了“作业帮”这个AI工具后，一切都变得轻松多了！它可以智能地帮我批改作业，指出哪里错了，还会告诉我正确的答案。这样，我就可以快速找出自己的错误，及时改正，提高学习效率。

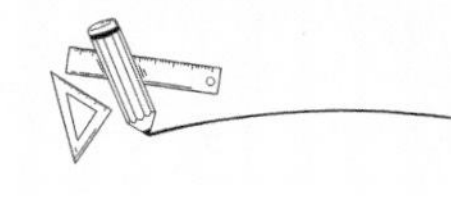

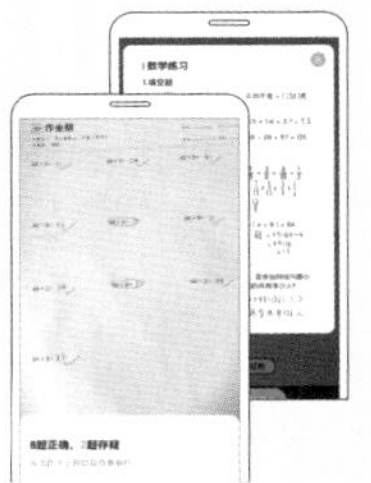

AI工具帮我学新词

一天，我在课本上遇到了生词“缤纷”，感觉很复杂。我想起了我的AI好朋友“文心一言”，它立刻给我解释了“缤纷”的意思，还教我如何记住这个词，并画图帮助我加深印象。从那以后，每当我遇到不认识的字词，我都会找“文心一言”帮忙，它让我的学习变得更有趣和轻松了！

AI工具帮我管理日程

生日那天，妈妈送给我一块智能手表。它的功能非常强大，可以帮我记录时间、监测健康，还可以接听电话。我每天睡了多久、跑了多远、跳了多少次绳，它都会帮我记下来。最重要的是，它还可以提醒我做事情，比如提醒我写作业、运动、睡觉等。这样我就不会忘记做这些事情了！

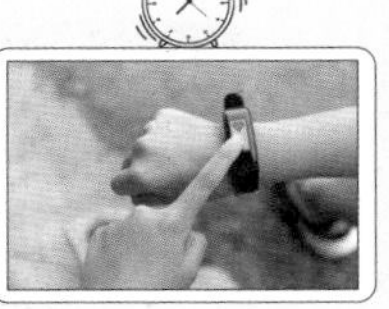

怎样用好AI工具？

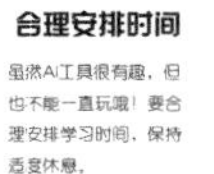

合理安排时间

虽然AI工具很有趣，但也不能一直玩哦！要合理安排学习时间，保持适度休息。

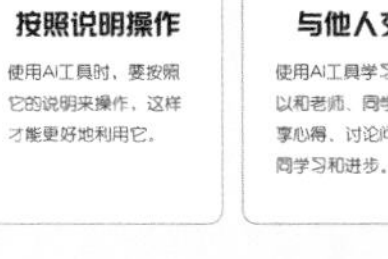

按照说明操作

使用AI工具时，要按照它的说明来操作，这样才能更好地利用它。

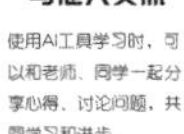

与他人交流

使用AI工具学习时，可以和老师、同学一起分享心得、讨论问题，共同学习和进步。

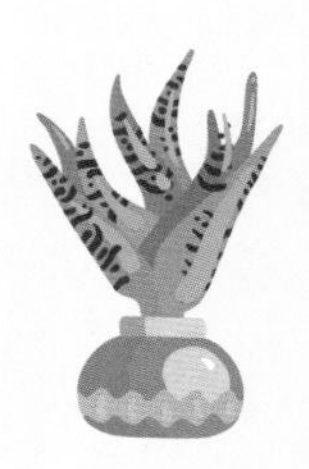

CHAPTER 03

POWERPOINT

第3章

学习总结类

20
开学第一课

“
在介绍开学第一课时，可以分享一下自己本学期的学习计划，比如打算如何安排时间、如何提高自己的学习能力等。

内容结构

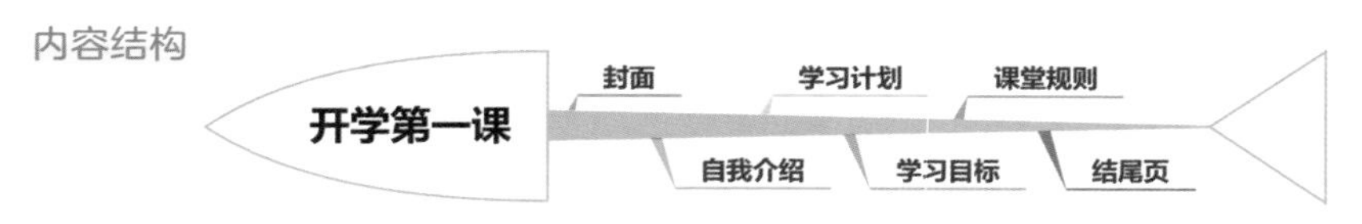

模板运用

运用美化模板时，注意替换班级、姓名和图片，并对文字介绍的内容做适当的修改。
”

第一页：封面

封面内容包含标题——“开学第一课”，以及班级和姓名。

修改班级、姓名

第二页：自我介绍

“自我介绍”部分，简单介绍自己的姓名、爱好等，引入本学期的计划和目标介绍。这里可以分享一张自己的照片。

第三页：学习计划

“学习计划”部分，分条列举学习计划，包括每天、每周、每月要完成的内容。

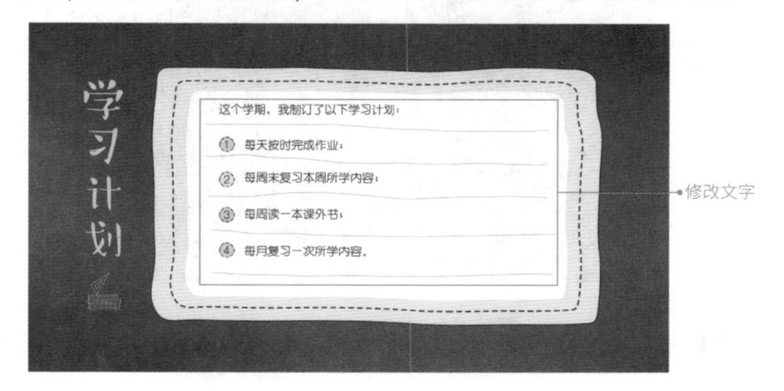

第四页：学习目标

“学习目标”部分，越具体越好，如语文写作能力、数学成绩、英语词汇量等。

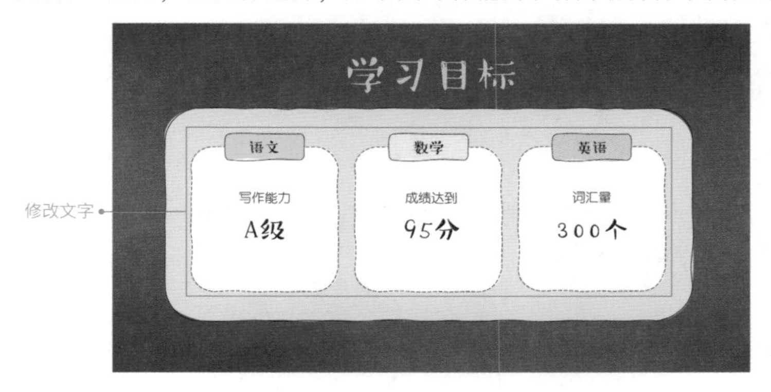

第五页：课堂规则

“课堂规则”部分，列举应该遵守的课堂规则，并按要求做到。

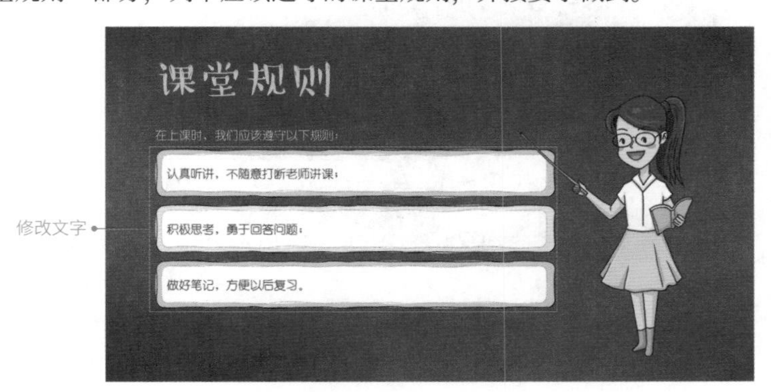

第六页：结尾页

结尾页倡导大家“快乐学习，健康成长”，需要将班级和姓名再写一遍。

更多建议

除了模板中提到的内容，你还可以从以下几个方面进行优化。

1. 假期分享：分享一下假期里有趣的事情，比如去哪里玩了、做了什么有趣的事情等。
2. 新学期的愿望：谈谈自己的新学期愿望。可以讲讲自己想要在学习、交友、兴趣爱好等方面取得什么进步，或者是想要参加哪些新的活动等。
3. 学校的新变化：如果有新的老师、新的同学或者学校有什么变化，可以讲讲对新老师、新同学的印象，或者是对学校新设施、新环境的感受。

注意事项

1. 在第二页“自我介绍”部分，照片排在相框的下一层，不能直接选中。替换照片时，先在相框图层上单击鼠标右键，选择“置于底层”，让相框图层暂时移动到照片图层下方。

这时，照片图层就可以直接选中了，从选框范围和左上角胶带的变化都可以看出来。在照片图层上单击鼠标右键，执行“更改图片>此设备”命令。

找到替换照片，双击照片即可。

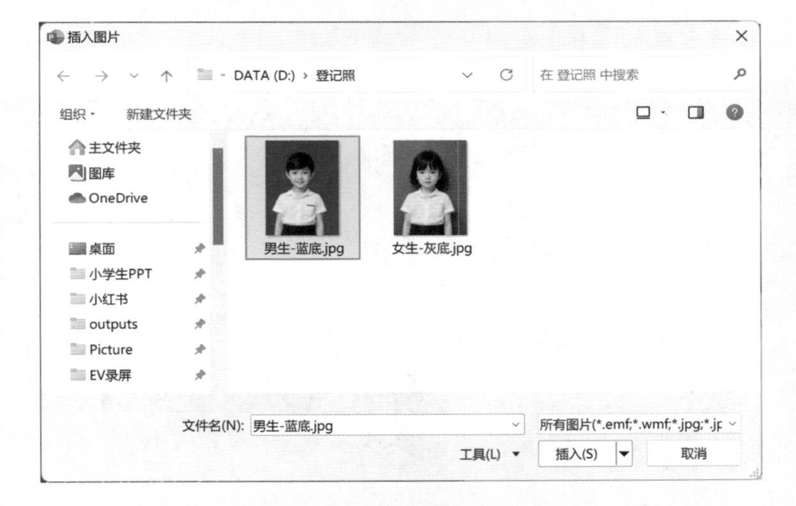

替换完成后，再还原图层顺序。在照片图层上单击鼠标右键，选择“置于底层”。

让照片图层回到相框图层下方，修改完成。

2. 示例模板为女生版本，附赠的模板文件中另有男生版本可选。

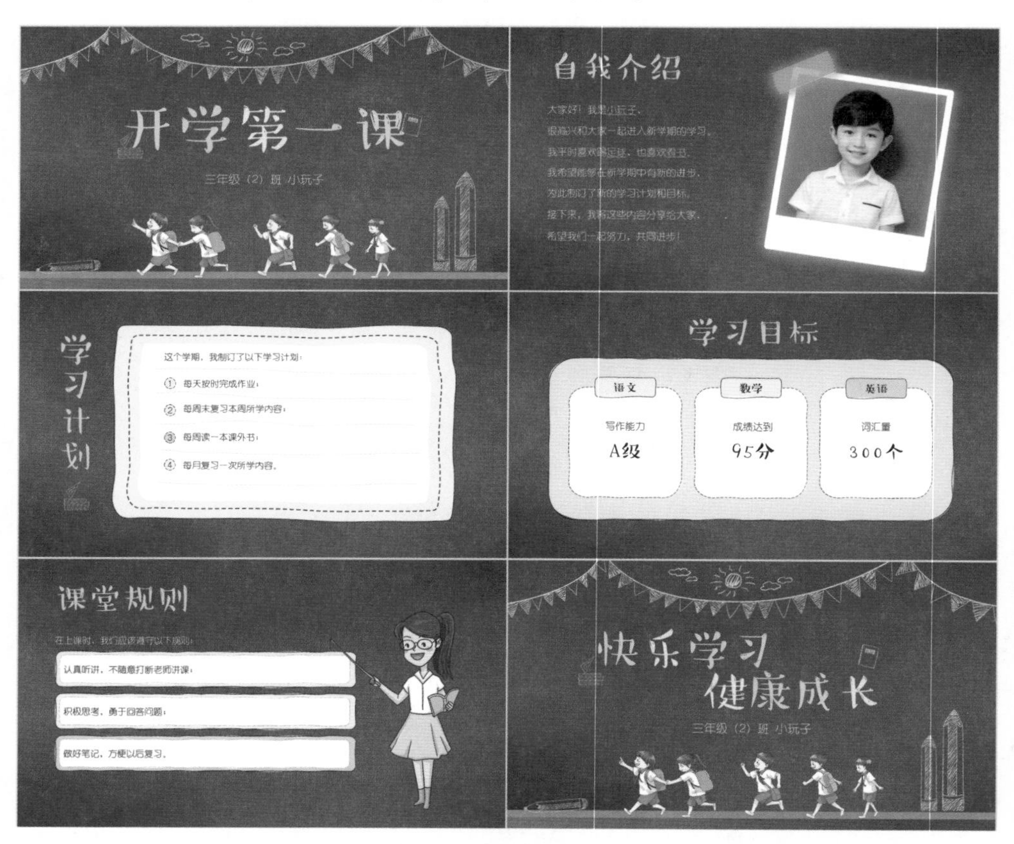

21

我的暑假总结

小学生在总结自己的暑假生活时，可以从时间和活动项目两个方面综合来写。重要的是真实地反映暑假的生活和收获，同时也可以适当表达自己的感受和思考。

内容结构

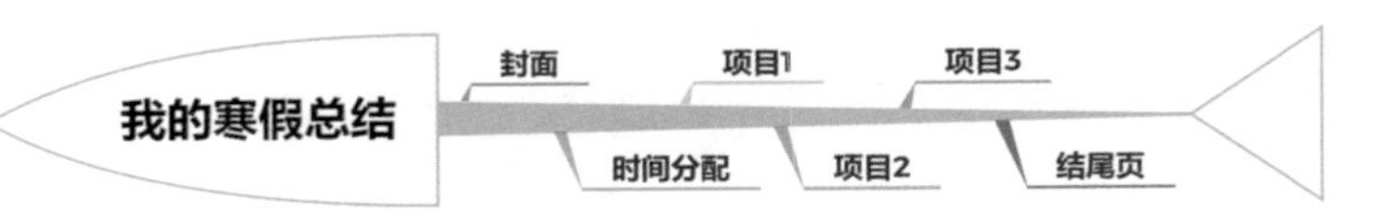

模板运用

运用美化模板时，注意替换班级、姓名和图片，并对文字介绍的内容做适当的修改。

第一页：封面

封面内容包含标题——“我的暑假总结”，以及班级和姓名。

第二页：时间分配

“时间分配”部分，总结自己每项活动各花了多少时间，可以用图表的形式展示，更直观。这里的图表可编辑修改。

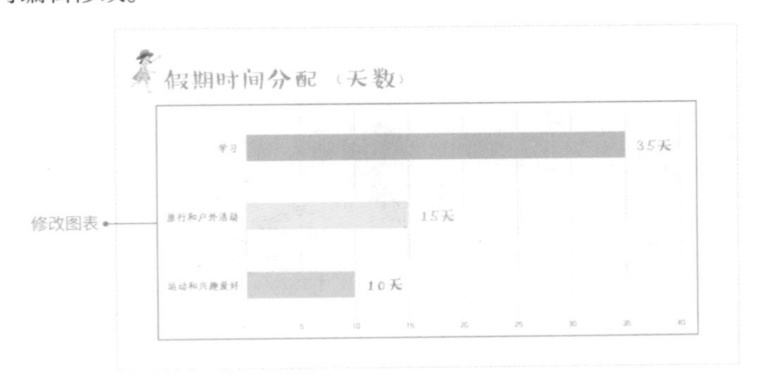

第三页：项目 1

“项目 1”部分为“学习”，介绍具体学习了哪些科目，做了什么练习，有什么收获。这里的科目名称“语文”“数学”“英语”可修改。

第四页：项目 2

“项目 2”部分为“旅行和户外活动”，描述暑假期间去过的地方，可以配上旅行时拍摄的照片或手绘插图。

第五页：项目 3

“项目 3”部分为“运动和兴趣爱好”，描述暑假中最喜欢的运动和兴趣爱好，可以是游泳、踢足球、爬山，或者弹琴、画画、看书等。

第六页：结尾页

结尾页告诉大家“我的暑假充实且快乐”，需要将班级和姓名再写一遍。

更多建议

除了模板中提到的内容，你还可以从以下几个方面进行优化。

1. 家务劳动：描述在暑假期间参与的家务劳动，如洗衣服、洗碗、打扫卫生等。可以分享在做家务过程中的体验和收获。

2. 朋友交往：暑假期间可能会结识新朋友，或者与老朋友有更多的交往。可以描述这些经历，以及从中学到的人际交往的技巧。

3. 生活习惯：在暑假期间，可能会有一些生活习惯的改变，如更早起床、坚持午睡等。这些习惯的养成或改变都是值得记录的。

注意事项

1. 在第二页“时间分配”部分，可采用以下方法修改本页所用图表。

在图表区域单击鼠标右键，选择“编辑数据”。在 Excel 窗口中修改项目名称和时间分配，改完单击右上角的关闭按钮×即可。

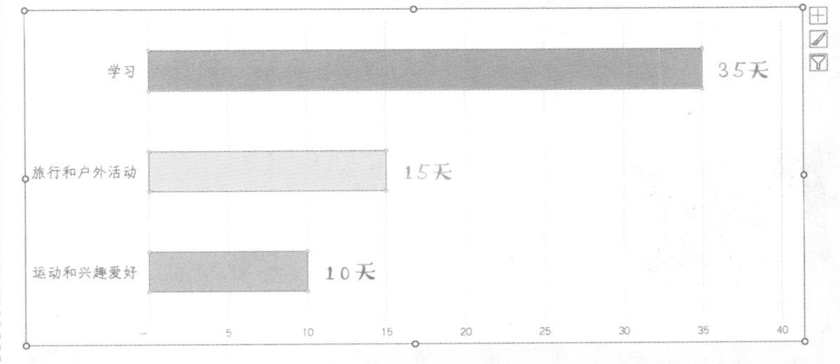

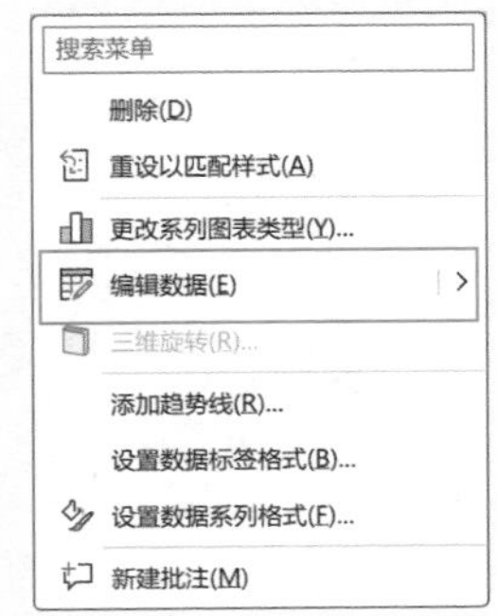

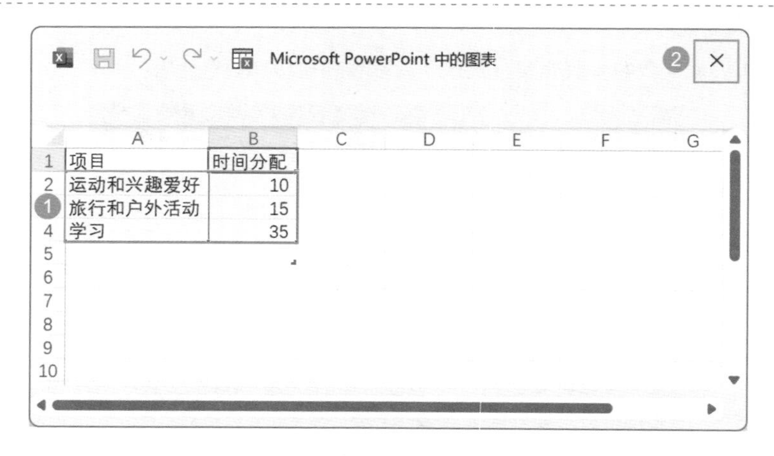

2. 示例模板为女生版本，附赠的模板文件中另有男生版本可选。

我的寒假总结

在总结自己的寒假生活时，可以从学习、生活、娱乐等多个方面来写。重要的是，要真实地反映寒假的生活和收获，同时也可以适当表达自己的感受和思考。

内容结构

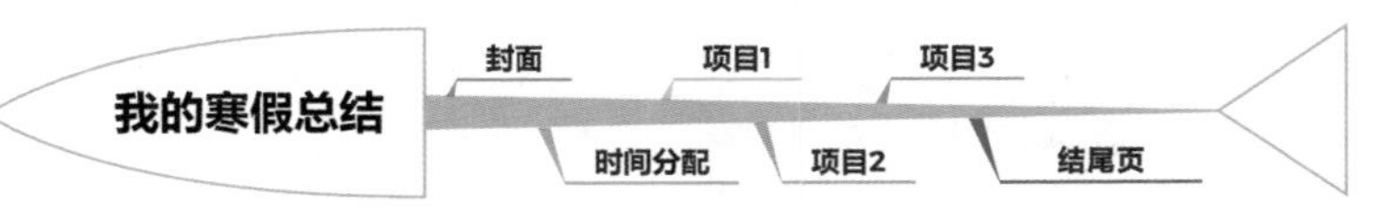

模板运用

运用美化模板时，注意替换班级、姓名和图片，并对文字介绍的内容做适当的修改。

第一页：封面

封面内容包含标题——“我的寒假总结”，以及班级和姓名。

第二页：时间分配

“时间分配”部分，总结自己每项活动各花了多少时间，可以用图表的形式展示，这样更直观。这里的图表可编辑修改。

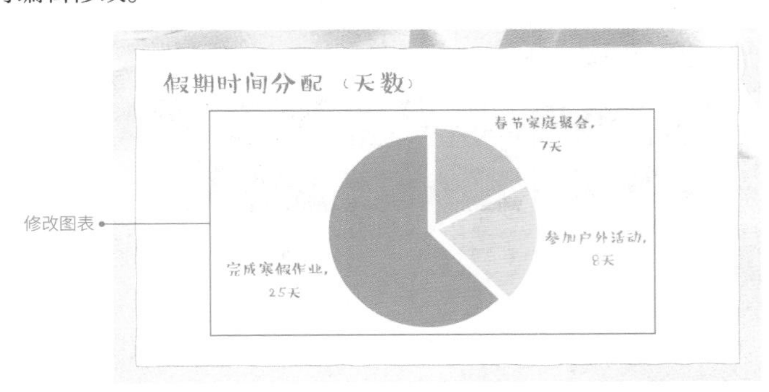

第三页：项目 1

“项目 1”部分为“完成寒假作业”，描述自己完成寒假作业的种类、具体做法和收获。

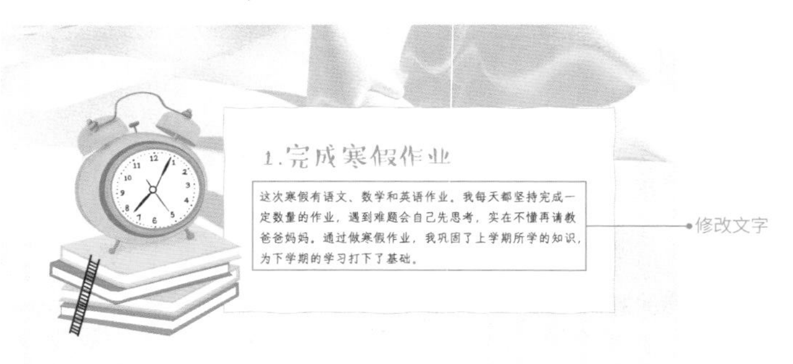

第四页：项目 2

“项目 2”部分为“参加户外活动”，描述自己参加的户外活动的项目、地点，以及活动感受和收获。

第五页：项目 3

“项目 3”部分为“春节家庭聚会”，描述自己和家人一起做的趣事，如一起参加的包饺子、吃年夜饭、拜年等传统活动。

第六页：结尾页

结尾页总结分享“寒假收获与展望”，需要将班级和姓名再写一遍。

更多建议

除了模板中提到的内容，你还可以从以下几个方面进行优化。

1. 生活技能：描述在寒假期间学会的新的生活技能，如煮饭、打扫卫生等。对这些技能的掌握不仅可以提高生活自理能力，还能为家人分担家务。

2. 阅读与思考：回顾在寒假期间读的书和文章，分享其中的精彩内容和自己的感悟。同时，也可以总结自己在阅读中获得的知识和启发。

3. 创新实践：描述在寒假期间进行的创新实践活动，如制作手工、发明小玩意等。可以分享自己的创意和实践过程，培养自己的创新意识和实践能力。

注意事项

1. 在第二页“时间分配”部分，可采用以下方法修改本页所用图表。

在图表区域单击鼠标右键，选择“编辑数据”。

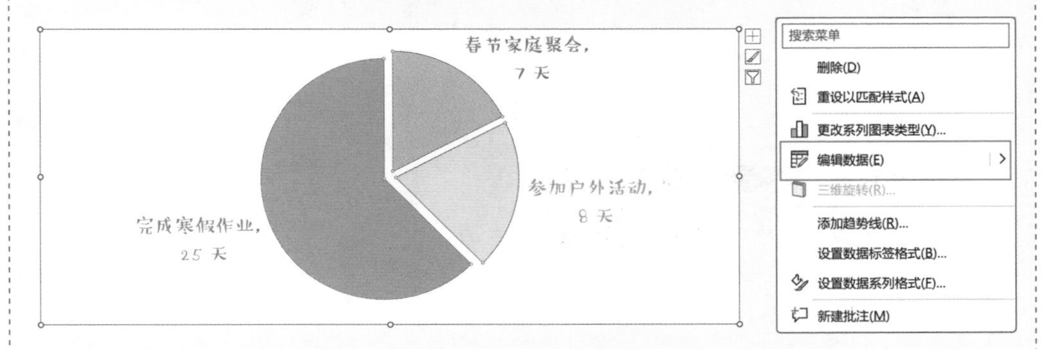

在 Excel 窗口中修改项目名称和时间分配，改完单击右上角的关闭按钮 × 即可。

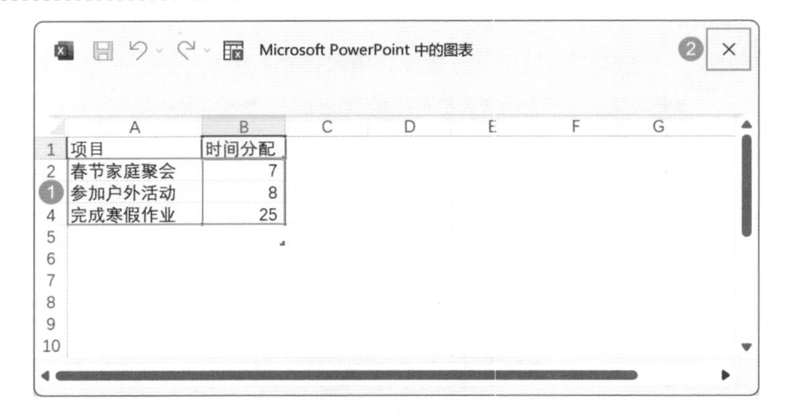

2. 示例模板为女生版本，附赠的模板文件中另有男生版本可选。

23 我的学习方法

在介绍自己的学习方法时，可以结合自己的学习经历来谈。先介绍自己要分享的方法是什么，再详细描述具体的操作步骤，最后总结一下这种学习方法对你的帮助，以及你希望其他人能从你的分享中获得什么启示。

内容结构

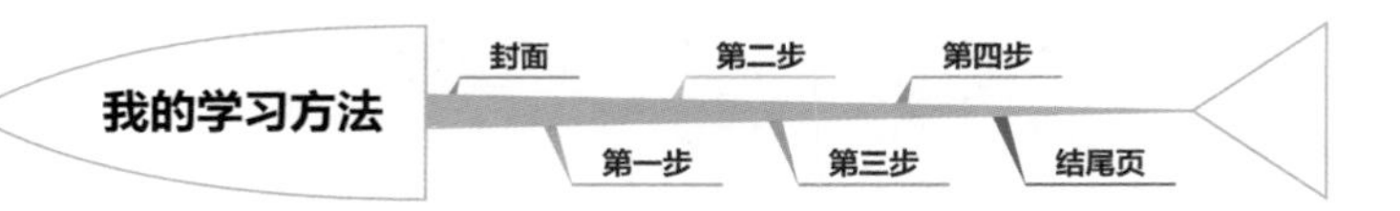

模板运用

运用美化模板时，注意替换班级、姓名和图片，并对文字介绍的内容做适当的修改。

第一页：封面

封面内容包含标题——“我的学习方法‘四步学习法’”，以及班级和姓名。

第二页：第一步

第一步要设定学习目标，描述自己具体的学习目标，如数学成绩达到多少分。

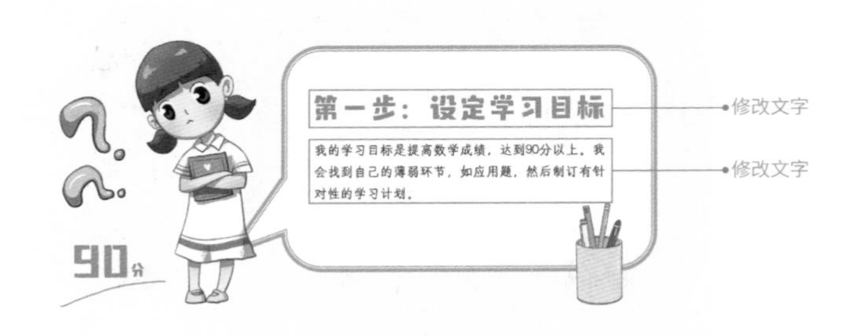

第三页：第二步

第二步要制订学习计划，描述为了实现学习目标而制订的具体计划，如每天做多少道练习题。

第四页：第三步

第三步要执行学习计划，描述自己的学习计划的执行情况，每天是否按时完成任务，遇到困难如何解决等。

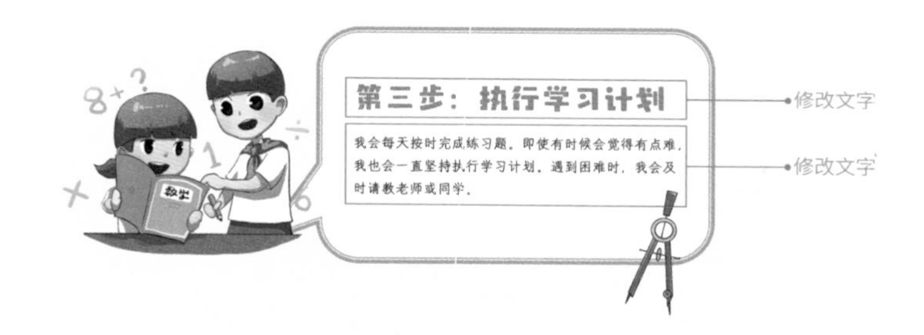

第五页：第四步

第四步要复习与总结，描述阶段性复习、总结和调整计划的情况。

第六页：结尾页

结尾页简单总结这种学习方法对你的帮助，以及你希望其他人能从你的分享中获得什么启示。需要将班级和姓名再写一遍。

更多建议

除了模板中提到的内容，你还可以从以下几个方面进行优化。

1. 时间管理：合理安排时间，养成良好的学习习惯和生活作息，可以提高学习效率，减轻学习压力。
2. 实践应用：将所学知识应用到实际生活中，有助于加深理解和记忆。学生可以通过观察、实验等方式，将理论知识与实践相结合。
3. 多元化的学习方式：除了传统的课堂学习，学生还可以通过听讲座、参加社团活动、参加线上课程等多种方式进行学习，提高学习兴趣和效果。

注意事项

示例模板为女生版本，附赠的模板文件中另有男生版本可选。

24 我的健康生活习惯

在分享自己的健康生活习惯时，可以从作息、卫生、阅读等多个角度展开介绍。

内容结构

我的健康生活习惯

封面　卫生习惯　阅读习惯

每日作息表　运动习惯　结尾页

模板运用

运用美化模板时，注意替换班级、姓名和图片，并对文字介绍的内容做适当的修改。

第一页：封面

封面内容包含标题——“我的健康生活习惯”，以及班级和姓名。

第二页：每日作息表

“每日作息表”部分，用表格形式介绍每天的作息时间，可根据实际情况直接修改表格内的文字。

修改文字

每日作息表

时段	时间	活动	自我要求
早上	6:30	起床	自己整理床铺
	7:00	吃早餐	不挑食，什么都吃
	7:30	去学校	不迟到
	8:00	上午课	专心听讲，积极参与
中午	12:00	吃午餐	细嚼慢咽，保持桌面整洁
下午	13:00	下午课	专心听讲，积极参与
	15:00	回家	先完成作业，再看电视或者玩
晚上	21:00	睡觉	准时上床，保证充足的睡眠

第三页：卫生习惯

“卫生习惯”部分，分享日常勤刷牙、勤洗手、整理房间等良好的卫生习惯。

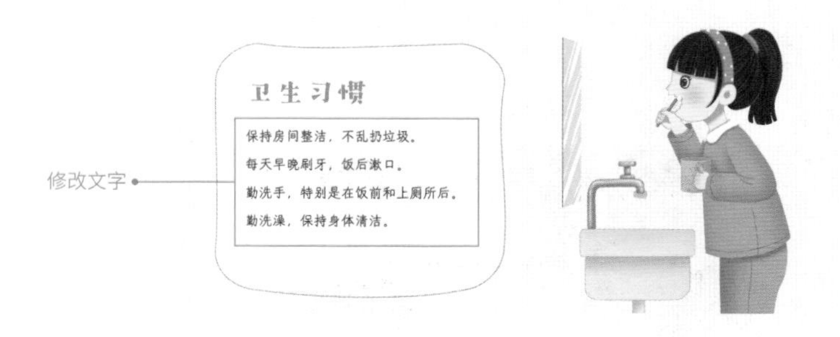

第四页：运动习惯

“运动习惯”部分，分享日常进行体育运动和户外活动的习惯。

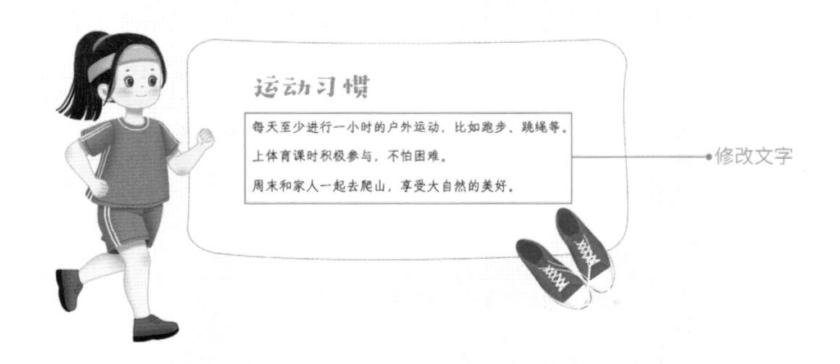

第五页：阅读习惯

“阅读习惯”部分，分享日常读书习惯、图书种类和阅读方法等，以及遇到不懂、不会的问题如何处理。

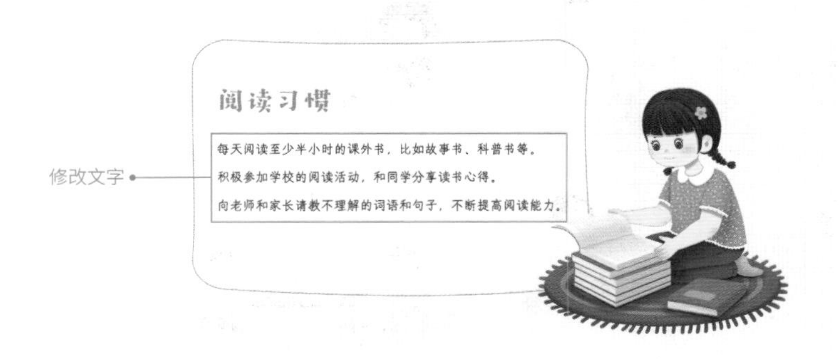

第六页：结尾页

结尾页号召大家“一起养成好习惯”，需要将班级和姓名再写一遍。

更多建议

除了模板中提到的内容，你还可以从以下几个方面进行优化。

1. 合理饮食：应该养成良好的饮食习惯，保证营养均衡。尽量多吃蔬菜水果，少吃垃圾食品。同时，要养成定时定量的饮食习惯，避免暴饮暴食。
2. 保护视力：应该注意保护视力，控制看电子产品的时间。看手机或看电视时应该保持适当的距离，不要长时间盯着屏幕。
3. 心理调适：应该学会调节自己的情绪，保持积极乐观的心态。可以通过与家人、朋友交流，参加户外活动等方式来缓解压力。

注意事项

示例模板为女生版本，附赠的模板文件中另有男生版本可选。

家校同心 助力孩子成长

（家委代表：老玩子）

自我介绍

大家好，我是三年级（2）班的家委代表老玩子，很高兴能在今天的家长会上与大家见面。我的孩子也在三年级（2）班就读，与大家的孩子一样，他们每天都在努力学习和成长。

感谢各位家长一直以来对学校工作的支持和理解，今天我将代表家委会向大家汇报本学期的工作和孩子的学习情况。

“神兽”训练师NO.1

学期回顾

本学期，学校组织了运动会、春游和国学体验课等活动。孩子们在这些活动中展现了青春活力与团队精神，也体验了传统文化的魅力。这些活动不仅让学生们体验到不同的学习方式，也让他们在快乐的氛围中成长。下列照片记录了他们的快乐瞬间，是他们成长路上的珍贵回忆。

运动会

春游

国学体验课

期末考试情况

87	51%	100%
平均分	优秀率	及格率

1 本次期末考试班级总体成绩不错，及格率达到了100%，平均分年级排名第一。

2 语文考试中，孩子们的阅读理解部分表现较好，但作文方面还需加强。数学考试中，孩子们的应用题部分表现较好，但最基础的选择题和填空题反而出错多。

3 考试反映出孩子们知识点掌握不牢、粗心大意的情况，建议家长与孩子一起复习巩固知识点，提醒他们注意答题细节。

家校合作展望

孩子的成长需要学校和家庭的共同努力和配合，下学期我们将组织更多的需要家长参与的学校活动，加强家校沟通；同时希望各位家长能积极参与孩子的课后辅导和兴趣培养。

请家长们多关注学校的通知和动态，积极参与各项活动，与孩子们共同成长。

“神兽”训练师们一起加油！

祝愿您家孩子：
新学期取得更大的进步！

（家委代表：老玩子）

CHAPTER 04

第4章 竞选比赛类

26 大队委竞选

小学生在竞选大队委时，可以从多个方面介绍自己，突出自己的优势和能力，让同学们更加了解你并相信你有能力胜任这个职位。

内容结构

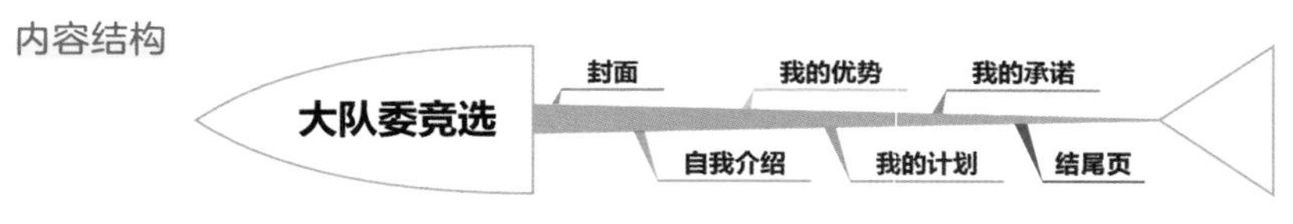

模板运用

运用美化模板时，注意替换班级、姓名和图片，并对文字介绍的内容做适当的修改。

第一页：封面

封面内容包含标题——“大队委竞选”，以及班级和姓名。

第二页：自我介绍

“自我介绍”部分，介绍自己是谁，分享自己的兴趣爱好，可附上一张自己的照片。

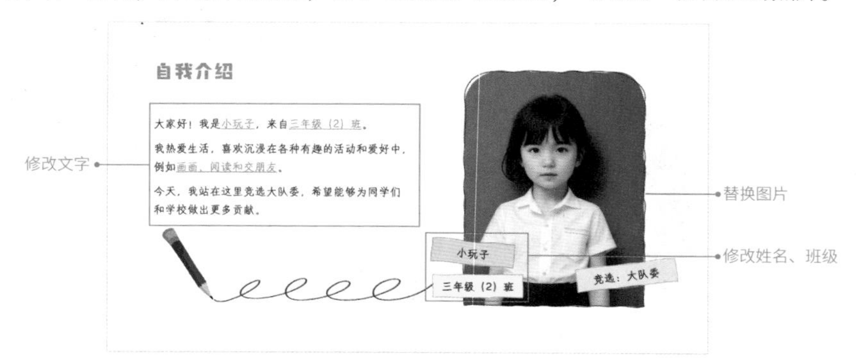

第三页：我的优势

“我的优势”部分，介绍自己适合竞选大队委的原因，你认为自己具备的优秀品质和技能。

第四页：我的计划

“我的计划”部分，介绍如果当选，你短期和长期的计划分别是什么。

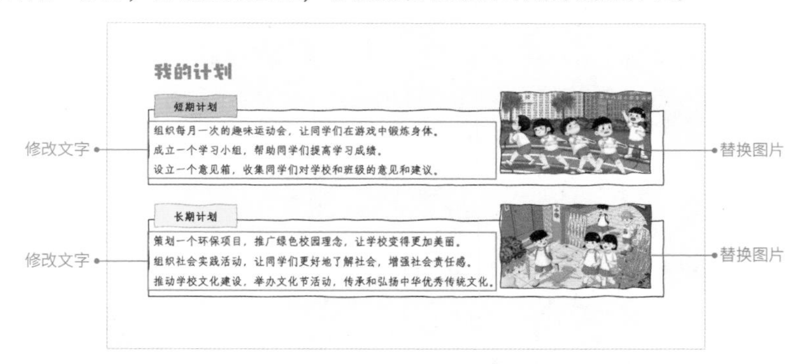

第五页：我的承诺

“我的承诺”部分，承诺当选后你将如何履行职责，让同学们更倾向于选你。

第六页：结尾页

结尾页为自己拉票“希望大家投我一票”，需要将班级和姓名再写一遍。

更多建议

除了模板中提到的内容，你还可以从以下几个方面进行优化。

1. 我的特长和爱好：除了画画和阅读，你可能还有其他的特长和爱好，如音乐、运动、编程等。这些特长和爱好可以让你更加全面地发展自己，同时也可以为同学们提供更多的帮助。

2. 我的学习经历：可以简要介绍一下你的学习经历，如在学校里获得了哪些奖项、参加了哪些课外活动等。这些经历可以证明你有足够的能力胜任大队委的职责。

3. 我的人际关系：你可以强调你的人际交往能力，如你和同学们的关系如何、你是否善于沟通和合作等。这些能力对于担任大队委来说非常重要，因为你需要和不同的人合作，协调各方面的资源和工作。

注意事项

示例模板为女生版本，附赠的模板文件中另有男生版本可选。

27 三好学生竞选

小学生在竞选三好学生时，可以从学习成绩、思想品德和体育锻炼等方面介绍自己。竞选过程通常包括自我推荐、班级评选和学校审核等环节，以全面考查学生的综合素质。

内容结构

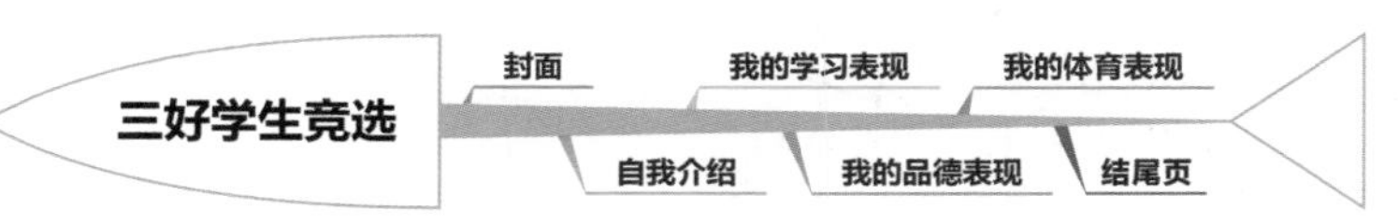

模板运用

运用美化模板时，注意替换班级、姓名和图片，并对文字介绍的内容做适当的修改。

第一页：封面

封面内容包含标题——“三好学生竞选”，以及班级和姓名。

第二页：自我介绍

“自我介绍”部分，介绍你为什么想成为三好学生，以及成为三好学生能给自己和他人带来的好处。

第三页：我的学习表现

“我的学习表现”部分，介绍个人学习成绩和课堂、课余表现。例如，课堂上是否积极参与、是否遵守纪律，课外如何帮助其他同学学习。

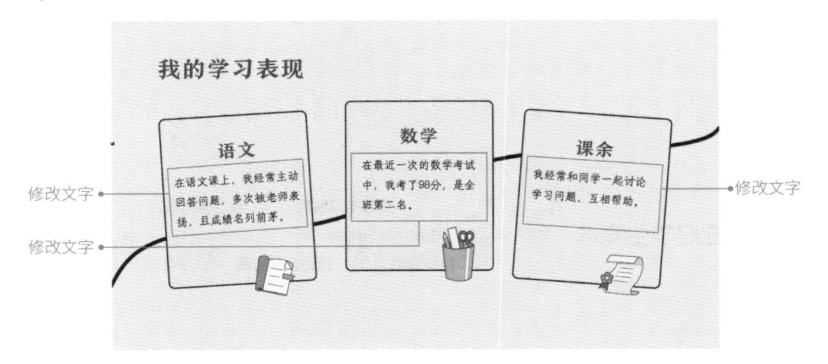

第四页：我的品德表现

“我的品德表现”部分，列举能体现个人品德优秀的事例，包括在公共场所、在家里、在学校等不同地点的表现。

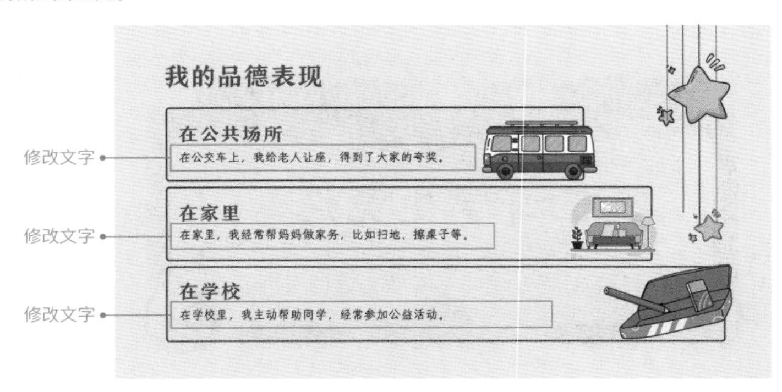

第五页：我的体育表现

“我的体育表现”部分，列举个人积极参加体育锻炼、体育比赛的事例。

第六页：结尾页

结尾页表达个人希望成为三好学生的决心和愿望，以及向同学们发出号召“希望大家投我一票”，需要将班级和姓名再写一遍。

更多建议

除了模板中提到的内容，你还可以从以下几个方面进行优化。

1. 自我评价：进行简要的自我评价，包括优点和不足。可以强调自己具有积极向上的心态、勇于挑战自我的精神，以及如何通过不断努力来提高自己的综合素质。

2. 未来规划：描述自己对未来的规划和目标，如希望成为某个领域的专家、对社会做出更大的贡献等。可以强调自己将如何为实现这些目标而努力，并表达出对未来的信心和做事的决心。

注意事项

1. 第二页“自我介绍”中的卡通插图为女生，附赠的文件中另有男生插图可选。

2. 更多的插图素材。附赠的文件中提供了学习、体育、居家等不同主题的彩色图标，可用于品德、体育页图标的替换。

28 班干部竞选

小学生在竞选班干部时，要展现出自信和热情，强调自己的优势，结合竞选职务和班内情况提出具体的计划和承诺。

内容结构

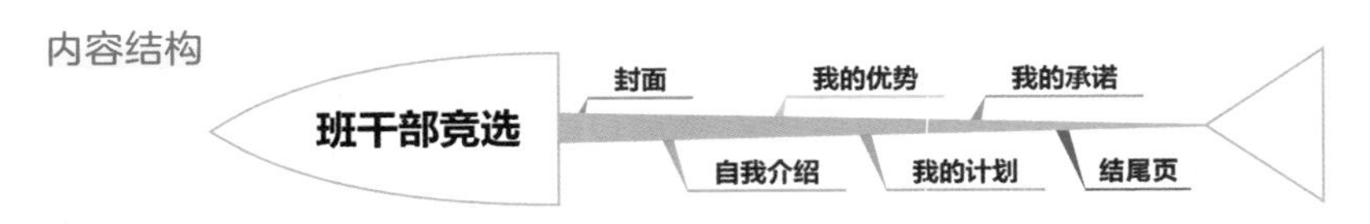

模板运用

运用美化模板时，注意替换班级、姓名、竞选职务和照片，并对“我的计划”部分的内容做适当的修改。

第一页：封面

封面内容包含竞选的标题——“班干部竞选”，以及班级和姓名。

第二页：自我介绍

“自我介绍”部分，候选人应向大家介绍自己。可以分享自己的兴趣爱好、优点和特长，以及希望在班级中扮演的角色，让同学们更好地了解自己。

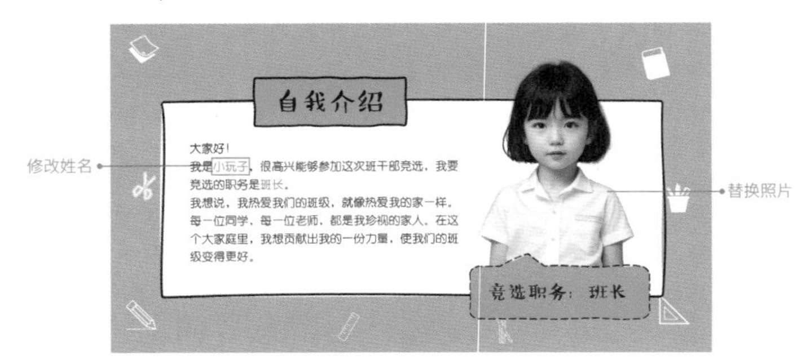

第三页：我的优势

“我的优势”部分，主要突出候选人的优势，可以列出自己的学习能力、责任心、沟通能力和组织能力等方面的优势。这些优势可以是个人品质的体现，也可以是为班级提供服务的承诺。

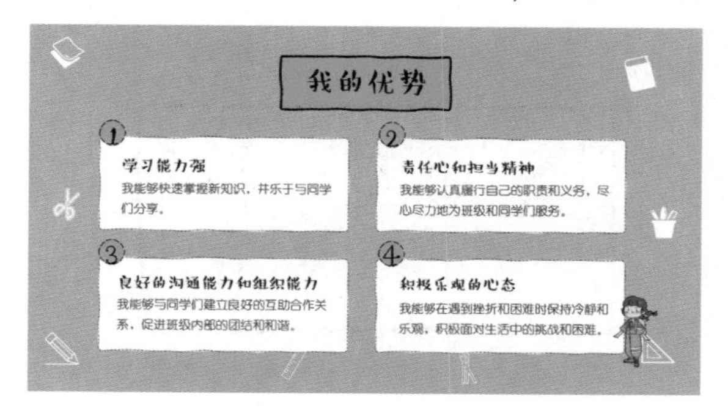

第四页：我的计划

“我的计划”部分，可以详细介绍自己如果当选班长，将如何提高同学们的学习效率、如何组织班级活动、如何促进班级文化建设、如何协调班级内部的关系，以及如何制定和执行班级规则。这些计划可以展示出自己的领导能力和对班级事务的深入理解。

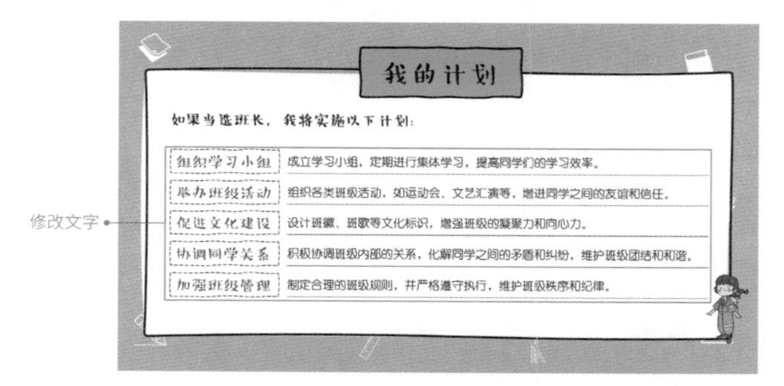

第五页：我的承诺

“我的承诺”部分，可以再次强调自己如果当选班长，将如何全力以赴地为班级和同学服务。可以表达自己对班级未来的期待，并感谢同学们的支持，让同学们感受到自己的诚意和对班级的热爱。

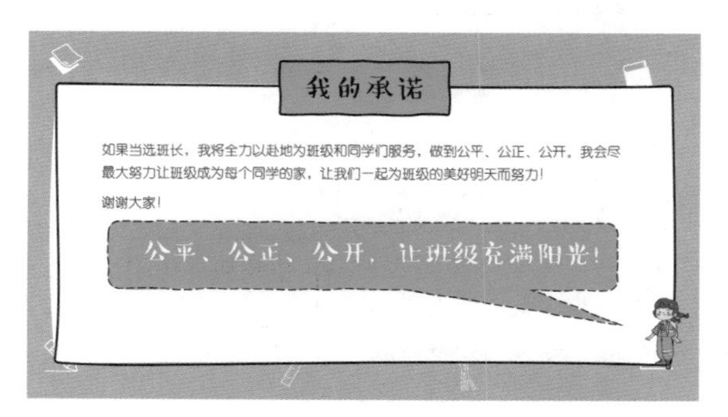

第六页：结尾页

在结尾页为自己拉票。展示竞选口号或号召同学们“请投我一票”，需要将班级和姓名再写一遍。

更多建议

如果你觉得模板中的内容不够丰富，还可以从以下几个方面进行优化。

1. 强调自己的优势：在发言稿中，可以强调自己的优势，如自己在组织活动、解决问题、团队合作等方面的能力和经验。这有助于让同学们相信你有能力胜任班长这个职务。
2. 强调对班级的贡献：在发言稿中，可以举例说明自己曾经为班级做过的贡献，比如帮助同学学习、组织班级活动等。这有助于让同学们了解你的能力和意愿，从而支持你。
3. 强调自己的目标和计划：在发言稿中，可以明确表达自己的计划和目标，如积极营造班级的学习氛围、组织更多的活动等。这有助于让同学们了解你的计划，从而对你有更多的信任和支持。
4. 保持自信和真诚：在发言的过程中，要保持自信和真诚，不要过于紧张。充分表达自己的想法和意愿，让同学们感受到你的热情。

注意事项

1. “自我介绍”部分用到了抠除了背景的孩子照片。如果你不会抠图，请参考本书中“94 怎样用 AI 工具抠图和调光”，查看抠图的快捷方法。
2. 示例模板为女生版本，附赠的模板文件中另有男生版本可选。

手工比赛竞选

在介绍手工作品时，除了展示作品和制作过程，还可以讲讲作品的创新点、背后的寓意和价值等。

内容结构

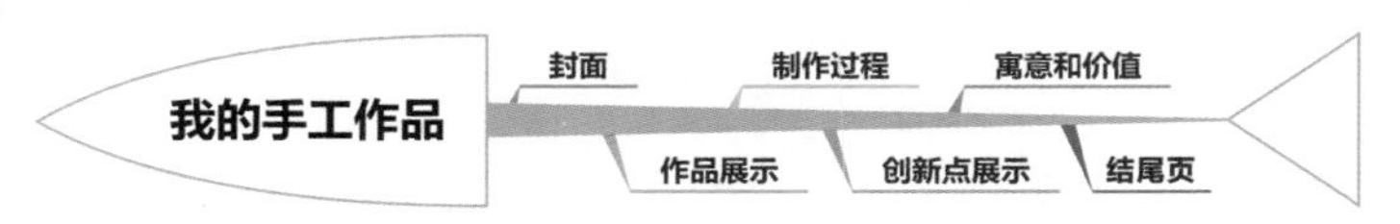

模板运用

运用美化模板时，注意替换班级、姓名和图片，并对文字介绍的内容做适当的修改。

第一页：封面

封面内容包含标题——“我的手工作品”，以及班级和姓名。

第二页：作品展示

“作品展示”部分，介绍自己的作品是什么，是由什么制成的，附上作品照片。

第三页：制作过程

“制作过程”部分，介绍制作步骤，展示过程中需要用到的材料。

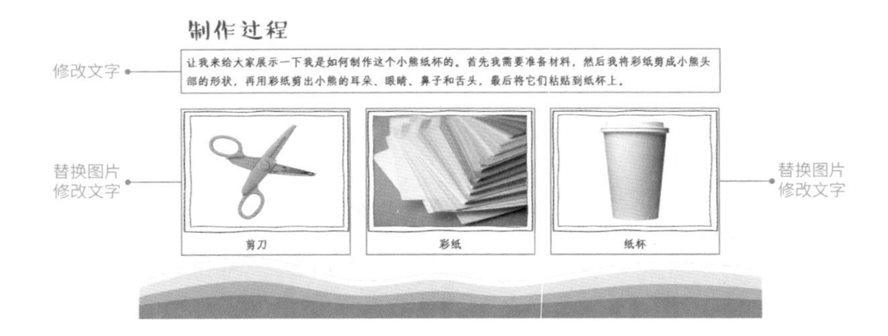

第四页：创新点展示

“创新点展示”部分，介绍作品的创新点是什么。例如，小熊纸杯利用了废旧材料，变废为宝。

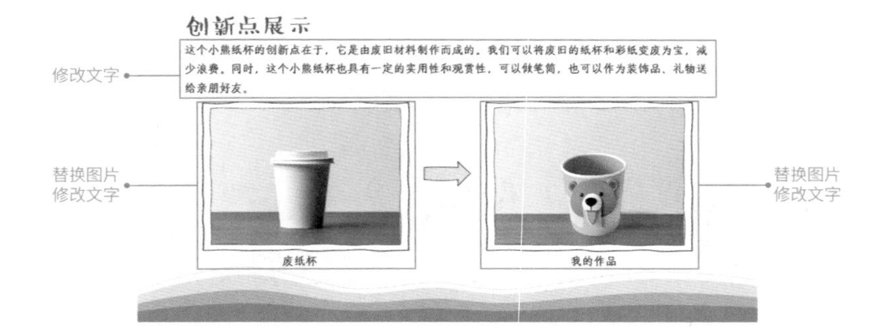

第五页：寓意和价值

“寓意和价值”部分，介绍制作这个手工作品背后的精神寓意和社会价值。例如，小熊纸杯提醒大家节约资源，关注环保问题。

第六页：结尾页

结尾页号召大家“请投我一票”，需要将班级和姓名再写一遍。

更多建议

除了模板中提到的内容，你还可以从以下几个方面进行优化。

1. 遇到的困难：详细描述在制作这个作品的过程中，遇到困难是如何克服的，以及有哪些有趣的小插曲。
2. 他人的反馈：分享一下他人对自己作品的评价，特别是家人、老师、同学的意见和建议。
3. 未来的计划：可以谈谈未来想要创作什么样的作品，或者想要在手工制作方面取得什么进步。

注意事项

拍摄环境和抠图处理。

拍摄环境

拍摄手工作品时，尽量选择简洁、干净的桌面或白墙做背景。

抠图处理

作品展示页、结尾页的小熊纸杯均为独立图层，如果没有合适的拍摄背景，可对手工作品照片进行抠图处理后替换模板中的小熊纸杯。抠图方法请参考本书“94 怎样用 AI 工具抠图和调光”。

替换时注意拷贝小熊纸杯的阴影效果。选中小熊纸杯，执行“开始>剪贴板>格式刷”命令，再将鼠标指针移动到替换图片上并单击，替换图片就有同样的阴影效果了。

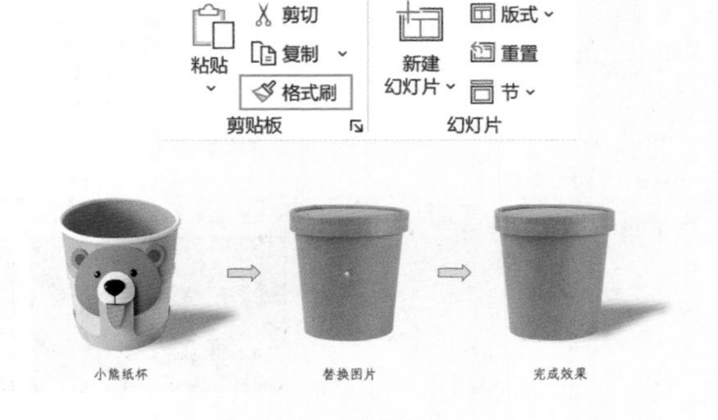

30 绘画比赛竞选

在介绍自己的绘画作品时，除了展示绘画作品和创作过程，还可以介绍作品的创新点和寓意等。

内容结构

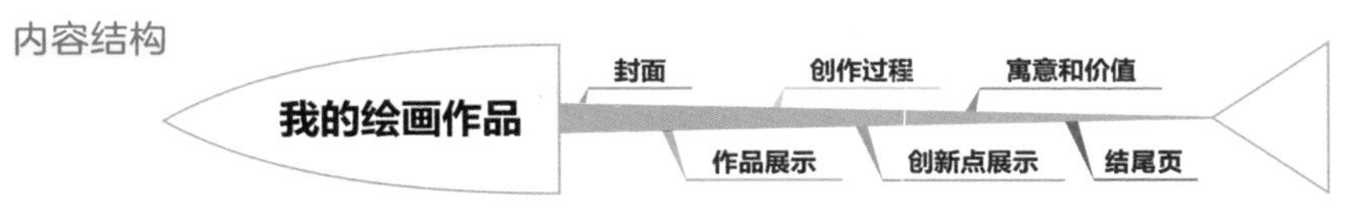

模板运用

运用美化模板时，注意替换班级、姓名和图片，并对文字介绍的内容做适当的修改。

第一页：封面

封面内容包含标题——“绘画比赛作品《××》”，以及班级和姓名。

第二页：作品展示

“作品展示”部分，展示绘画作品，并描述作品名称和创作内容。

第三页：创作过程

“创作过程”部分，用文字描述创作过程，用图片展示创作过程中收集的素材、草图等。

第四页：创新点

“创新点”部分，介绍作品的创新点和绘画技巧。

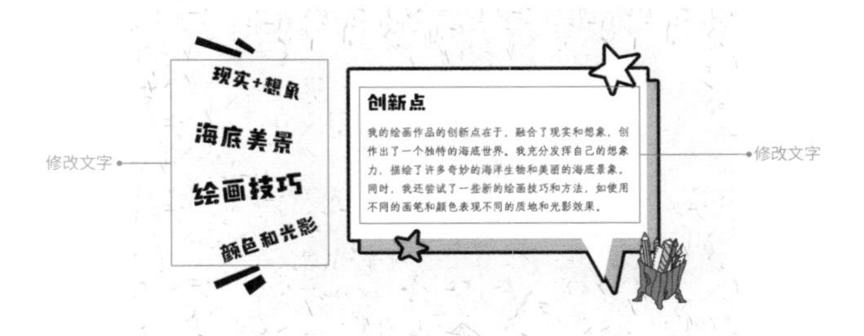

第五页：寓意和价值

“寓意和价值”部分，介绍这幅作品的寓意和价值。例如，《海底世界》希望更多人了解和关注海洋生态环境，参与环保行动。

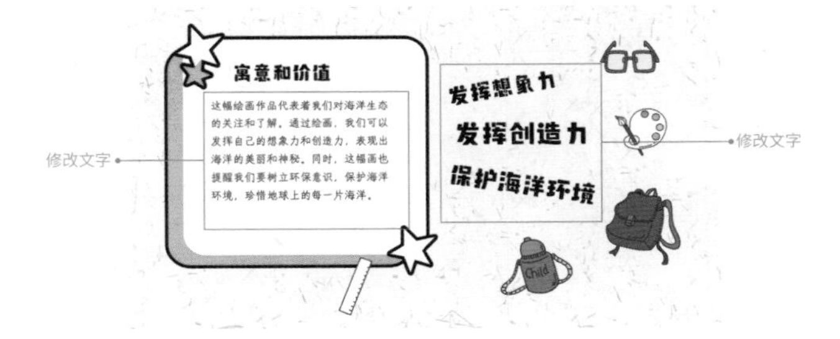

第六页：结尾页

结尾页号召大家“请投我一票”，需要将班级和姓名再写一遍。

更多建议

除了模板中提到的内容，你还可以从以下几个方面进行优化。

1. 色彩运用：介绍你在作品中使用的色彩及其含义。
2. 细节展示：详细介绍作品中你特别关注和想要表达的元素。
3. 创作难点：分享你在创作过程中遇到的问题和解决方法。
4. 对未来的展望：分享你未来想要尝试的绘画风格或主题。

31 少先队员竞选

我竞选少先队员

一年级（2）班 小玩子

自我介绍

姓名：小玩子

班级：一年级（2）班

年龄：7岁

兴趣爱好：阅读、绘画、运动

班级表现：担任学习委员，经常帮同学解决学习问题

对少先队的理解

1 我知道少先队是中国少年儿童的群团组织，是少年儿童学习中国特色社会主义和共产主义的学校，是建设社会主义和共产主义的预备队。

少先队就像我们的“大学校”，在这里，我们可以提前学习怎么做一个对社会有用的人，怎么为社会做贡献。我希望自己也能成为一个优秀的人，为少先队注入新的活力。 2

竞选理由

我认为自己具备少先队员的品质和能力。我责任心强，会尽我所能去完成每一项任务；我乐于助人，总是愿意伸出援手帮助他人；我还有较强的组织能力，能够带领同学们一起参与各种活动。我相信，这些品质和能力会使我成为一名优秀的少先队员。

未来计划

我想竞选少先队员，是因为我想更好地为大家服务，为我们的学校和班级做出贡献。如果我当选，我会做到以下几点：

遵纪履职

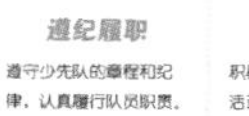

遵守少先队的章程和纪律，认真履行队员职责。

提高素质

积极参加少先队的各项活动，努力学习，提高自己的素质。

团结同学

团结同学，帮助他人，为学校和班级做出贡献。

发挥特长

发挥自己的特长和领导能力，为少先队的发展做出贡献。

请投我一票

一年级（2）班 小玩子

注意事项

示例模板为女生模板，附赠的模板文件中另有男生版本可选。（图略）

32 演讲比赛竞选

《小王子》的冒险之旅

记得我第一次翻开《小王子》的时候，我仿佛跟着小王子一起，踏上了那颗只有一朵玫瑰花的星球，感受到了内心深处的孤独；我又跟着他去了各种各样的星球，遇到了形形色色的大人，这个过程中我成长了很多。每一次阅读，都像一次冒险，让我体验到了不同的情感和生活。

霍格沃茨的魔法时光

而当我读《哈利·波特》时，我仿佛进入了霍格沃茨魔法学校，和哈利、赫敏、罗恩一起上课、玩耍、面对挑战。每当我读到哈利与伏地魔的较量，我的心都提到了嗓子眼，紧张得不敢呼吸。这些故事不仅让我感受到了阅读的乐趣，还激发了我的想象力，让我相信，只要我们有勇气，就没有什么是不可能的。

注意事项

示例模板为女生模板，附赠的模板文件中另有男生版本可选。（图略）

书法比赛竞选

我的书法作品

三年级（2）班 小玩子

作品展示

我的书法作品是唐代王之涣的《登鹳雀楼》，这首诗描绘了一幅壮观的景象，让我感受到了中华文化的博大精深。我试图通过我的书法作品表达出这种情感和意境。

白日依山尽，
黄河入海流。
欲穷千里目，
更上一层楼。

唐王之涣 登鹳雀楼
三年级二班 小玩子

创作思路

在创作这幅书法作品时，我先认真分析了每个字的笔画和结构，了解了每个字的特点。然后，我找来毛笔和字帖，认真练习笔画和单字书写。在书写过程中，我努力控制自己的气息和力度，以期让每个字都生动有力。最终，我将整首诗写在宣纸上，并进行了细节处理和装饰。

作品特色

我的书法作品的特色在于，它体现了我对诗歌的理解和感悟。在书写过程中，我不仅注重每个字的笔画和结构，还试图通过整体的布局表现出诗歌的意境和情感。

创作感悟

这幅书法作品表达了我对中华文化的热爱和追求。通过书法练习，我希望表达出诗歌的意境和情感，让人们感受到中华文化的博大精深。同时，这幅作品也提醒我，要认真学习书法技巧和文化知识，不断提高自己的艺术水平。

请投我一票

三年级（2）班 小玩子

科学比赛竞选

三年级（2）班 小玩子

作品概述

作品名称

《绿意盎然：探究不同环境条件对植物生长的影响 》

作品简介

我通过一项简单的实验，探究不同环境条件如何影响植物生长。我想了解阳光、水分这两种因素是如何影响植物生长的。

研究方法

我研究的是两种不同元素——阳光和水分——对植物生长的影响。4种环境条件：室外阳光充足处，水分充足；室外阳光充足处，少量水分；室内阴凉处，水分充足；室内阴凉处，少量水分。我在不同环境条件下种植了相同的植物（豌豆苗），并尽量保证除了正在测试的条件外，其他条件保持一致。我每天都观察并记录植物的生长情况，包括高度、叶子的数量和颜色等。我还拍摄了照片以便进行比较。

阳光

水分

研究记录（第7天豌豆苗的生长状态）

室外阳光充足处

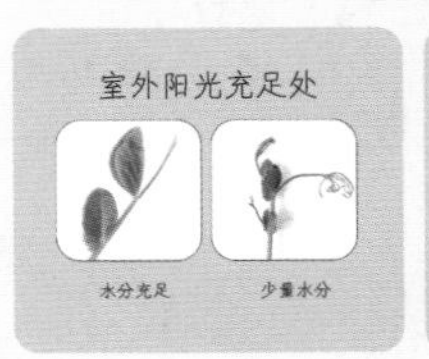

水分充足　　少量水分

室内阴凉处

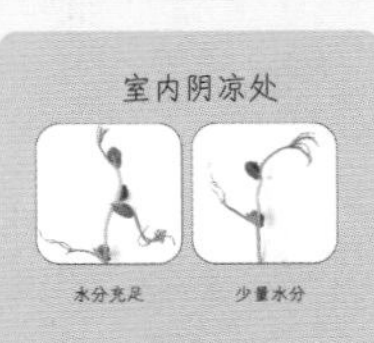

水分充足　　少量水分

研究结果

我发现环境条件对植物生长的影响非常大：水分条件一致，阳光越充足，植物生长得越快，颜色越鲜艳；阳光条件一致，水分越充足，植物的叶子越多，颜色越绿。

水分条件一致	
室外阳光充足处	室内阴凉处
生长快，颜色鲜艳	生长慢，颜色暗淡

阳光条件一致	
水分充足	少量水分
叶子多，深绿	叶子少，浅绿

结论和未来工作

通过这次实验，我了解到环境条件（主要是阳光和水分）是如何影响植物生长的。在未来的工作中，我计划进一步探究其他环境条件（如温度）对植物生长的影响，并尝试寻找最有利于植物生长的环境条件组合。

35 编程比赛竞选

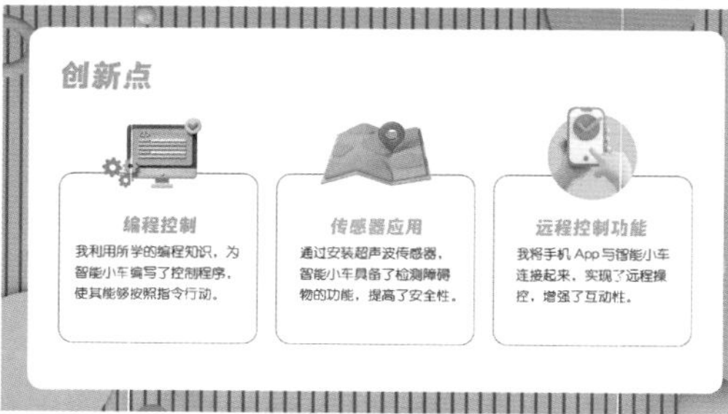

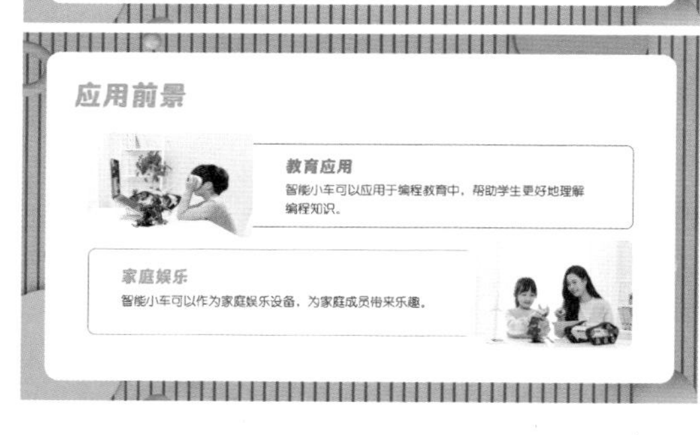

注意事项

示例模板为女生模板，附赠的模板文件中另有男生版本可选。（图略）

CHAPTER 05

POWERPOINT

第5章 主题活动类

36 春游活动总结 

在写春游活动总结时，可以描述春游的活动过程，谈谈自己在春游中的收获和思考。

内容结构

春游活动总结
- 封面
- 活动回顾
- 精彩瞬间
- 活动收获
- 特别感谢
- 结尾页

模板运用

运用美化模板时，注意替换班级、姓名和图片，并对文字介绍的内容做适当的修改。

第一页：封面

封面内容包含标题——“春游活动总结”，以及班级和姓名。

第二页：活动回顾

“活动回顾”部分，描述活动的主要信息，包括活动时间、地点、参与人员、主要活动等。

第三页：精彩瞬间

“精彩瞬间”部分，展示一些春游中的精彩瞬间，如大家自由玩耍、午餐分享、寻宝游戏等。

第四页：活动收获

“活动收获”部分，用简单的语言描述自己在这次春游活动中的收获和感想。

第五页：特别感谢

“特别感谢”部分，感谢老师和家长的陪伴和支持，感谢公园工作人员的照顾。

第六页：结尾页

结尾页告诉大家“期待下一次春游”，需要将班级和姓名再写一遍。

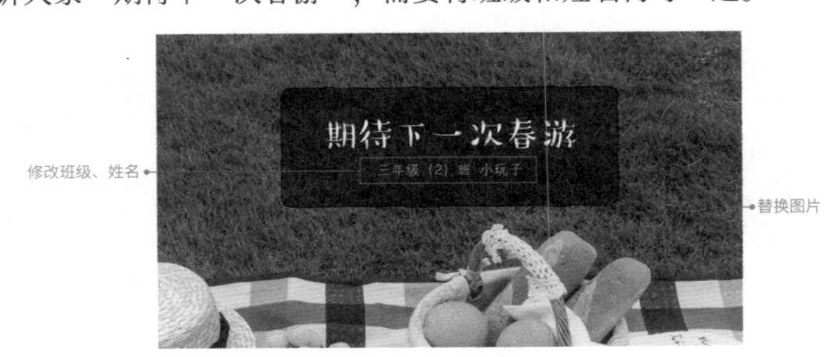

更多建议

除了模板中提到的内容，你还可以从以下几个方面进行优化。

1. 安全和文明礼仪：在春游过程中，老师强调了哪些安全注意事项，学生们是否遵守了安全规定，以及在文明礼仪方面的表现如何。
2. 团队合作和互助精神：在春游活动中，同学们是否能够互相帮助、协调合作，以及在遇到困难时是否能够共同解决问题。
3. 对自然环境和文化遗产的认知：通过春游活动，学生们对自然环境和文化遗产的认知是否有提高。可以描述学生们在参观景点时是否能够关注到对自然环境的保护，是否学到了文化遗产的历史背景等方面的知识。

37 夏令营活动总结

在写夏令营活动总结时，可以分享活动中有趣的经历、技能的提升、团队协作能力的提高等。结合小故事、小例子来讲，能让听众更好地理解自己的经历和收获。

内容结构

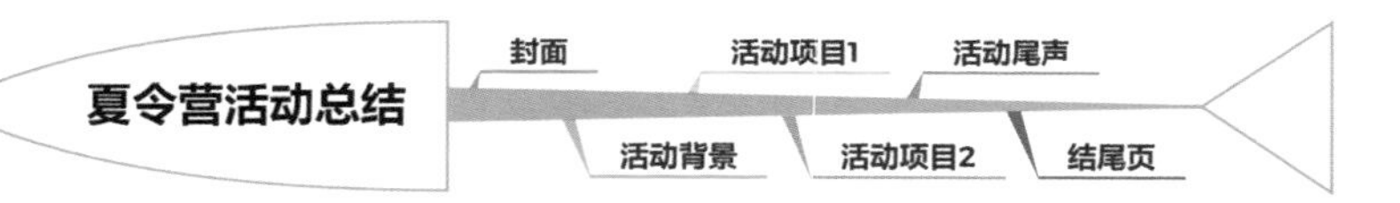

模板运用

运用美化模板时，注意替换班级、姓名和图片，并对文字介绍的内容做适当的修改。

第一页：封面

封面内容包含标题——“××夏令营之旅”，以及班级和姓名。背景图可替换为实际活动的照片。

第二页：活动背景

“活动背景”部分，介绍时间、地点和人物，即在什么时间和谁一起去了哪里。配图可以选择活动地点的风景照，给下文留个悬念。

第三页：活动项目 1

“活动项目 1”部分，介绍第一项有趣的活动，配上一张或几张照片，展示活动中的快乐时光。

第四页：活动项目 2

“活动项目 2”部分，介绍第二项有趣的活动，配上一张或几张照片，展示活动中的快乐时光。

第五页：活动尾声

“活动尾声”部分，介绍夏令营结束前的最后一项活动，分享自己难忘的经历和感想，配上活动照片。

第六页：结尾页

结尾页分享“活动中的收获”，需要将班级和姓名再写一遍。背景图可替换为实际活动的照片。

更多建议

除了模板中提到的内容，你还可以从以下几个方面进行优化。

1. 我最感激的人：可以感谢在夏令营中对自己有帮助的人，比如老师、工作人员、同伴等。
2. 我学到的生活技能：在夏令营中可能会学到一些生活技能，比如独立生活、自理能力、团队合作等。
3. 我期待的下次夏令营：可以分享一下对下次夏令营的期待，比如希望参加什么活动、希望学到什么知识等。

38

学雷锋日活动总结

“

在写学雷锋日活动总结时，可以介绍这一天具体参加了哪些活动，有什么心得体会，懂得了什么道理。

内容结构

学雷锋日活动总结：封面、活动概览、班会活动、义务劳动、志愿服务、结尾页

模板运用

运用美化模板时，注意替换班级、姓名和图片，并对文字介绍的内容做适当的修改。

”

第一页：封面

封面内容包含标题——“3.5 学雷锋日活动总结”，以及班级和姓名。

第二页：活动概览

“活动概览”部分，概述学雷锋日的活动内容，可以用“预览图＋名称”的形式。

第三页：班会活动

“班会活动”部分，回顾在班会上学习的雷锋事迹和自己的收获。黑板图片上的文字“学习雷锋 从我做起”可直接修改。

第四页：义务劳动

“义务劳动”部分，介绍具体参加了哪些劳动，如打扫卫生、清理杂物、捡垃圾等，以及通过这些劳动明白了什么道理。

第五页：志愿服务

“志愿服务”部分，介绍具体做了哪些服务活动，如探望孤寡老人等，以及通过服务活动明白了什么道理。

第六页：结尾页

结尾页分享这一次学雷锋活动的总结和感悟，需要将班级和姓名再写一遍。

更多建议

除了模板中提到的内容，你还可以从以下几个方面进行优化。

1. 让我最感动的事情：分享在活动中最让自己感动的事情，例如看到别人因为自己的帮助而开心、自己在活动中所感受到的温暖和关爱等。
2. 后续跟进：对活动进行后续的跟进和总结，包括对受助者的回访、对志愿者的表彰等，让雷锋精神在更多人心中生根发芽。
3. 对下次活动的期待：表达自己对下次活动的期待和希望，如希望下次活动能够有更多的同学参加，希望活动内容更加丰富等。

注意事项

1. 在 Windows 系统中，局部截图的快捷键是 Win+Shift+S。使用这个快捷键后，就会出现一个截屏工具，可以选择需要截屏的区域。（这一步也可以使用第三方截图工具进行局部截图，如 QQ、微信等都内置了截图功能，可以通过这些功能进行截图。）

（1）选定区域后，屏幕截图会自动复制到剪切板中，这里以截取第四页“义务劳动”的图片为例。注意，截取时照片上下多留一点空白区域，尽量与第二页的矩形相框形状保持一致。

（2）回到第二页“活动概览”，在中间“义务劳动”对应的图片上单击鼠标右键，选择“设置图片格式”选项。

(3) 在“设置图片格式”窗格中选择“填充”下的“图片或纹理填充”选项，并单击“剪贴板”按钮，截图就替换好了。

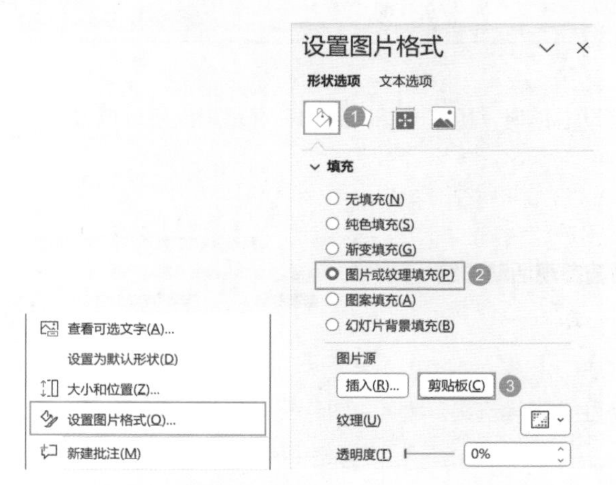

(4) 替换图片效果。

2. 示例模板为女生版本，附赠的模板文件中另有男生版本可选。

39 博物馆参观活动总结

“在写博物馆参观活动总结时，除了介绍路线和参观过程，还可以讲讲学到的知识，以及自己的感想和体会。

内容结构

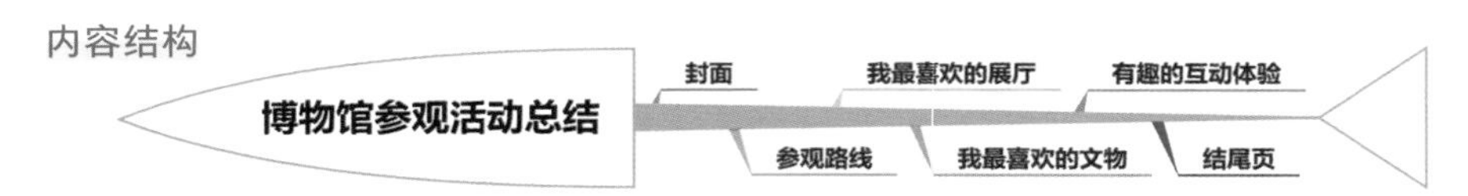

模板运用

运用美化模板时，注意替换班级、姓名和图片，并对文字介绍的内容做适当的修改。”

第一页：封面

封面内容包含标题——“博物馆参观活动总结——××博物馆”，以及班级和姓名。

第二页：参观路线

“参观路线”部分，从左至右标示出发点、参观点和结束点。图中文字均可修改，参观点可根据实际路线复制增加或删除减少。

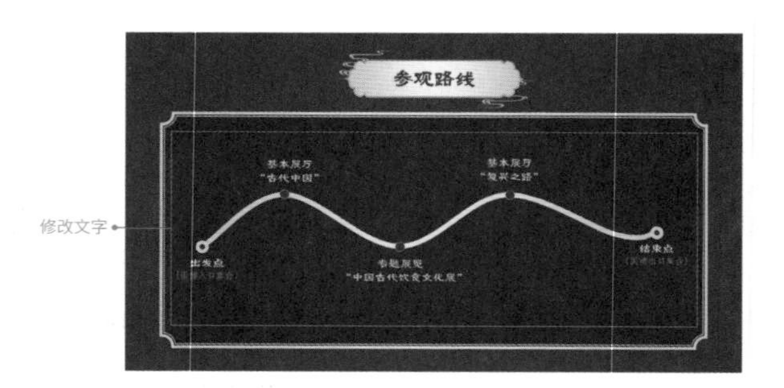

第三页：我最喜欢的展厅

“我最喜欢的展厅”部分，介绍自己最喜欢哪个展厅，里面展示了哪些东西，配上多张展品的照片。

第四页：我最喜欢的文物

“我最喜欢的文物”部分，重点介绍一件自己最喜欢的文物，讲述它的来历、外形、用途等。

第五页：有趣的互动体验

“有趣的互动体验”部分，描述参观过程中的互动环节，如沉浸式体验、游戏互动、动手制作等。

第六页：结尾页

结尾页告诉大家参观的“感想与收获”，学到了什么知识，看到了哪些东西，对自己有什么影响。需要将班级和姓名再写一遍。

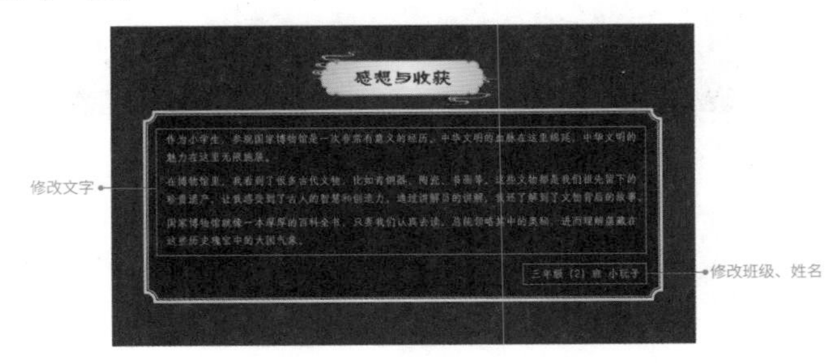

更多建议

除了模板中提到的内容，你还可以从以下几个方面进行优化。

1. 遇到的问题：遇到的任何问题或困惑，都可以在总结中提及，比如对某些展品的理解有问题，或者对某个历史事件不太明白等。
2. 对讲解员的评价：可以简单评价讲解员的表现，比如他们是否耐心讲解、是否能够很好地解答问题等。
3. 对活动的建议：如果有对活动的建议或意见，也可以在总结中提出来，比如希望下次能够有更多互动环节，或者希望讲解员能够更加详细地讲解某个展品等。

40

课外调研活动总结

小学生在做课外调研活动时，要根据小学生的兴趣爱好和实际情况来决定调研课题。同时，要选择有针对性、可操作性和创新性的课题，避免过于复杂和困难。

内容结构

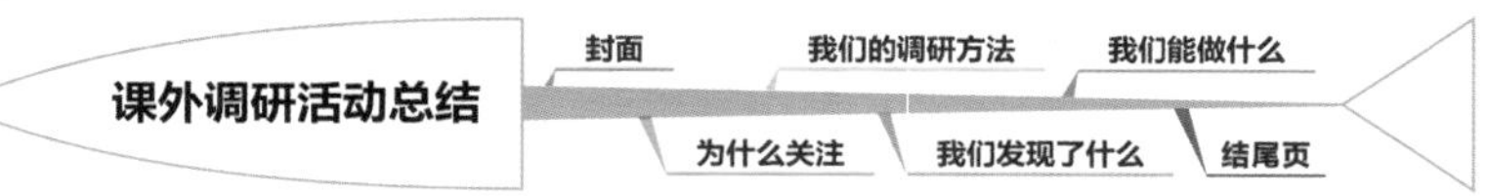

模板运用

运用美化模板时，注意替换班级、姓名和图片，并对文字介绍的内容做适当的修改。

第一页：封面

封面内容包含标题——“课外调研活动总结——探寻身边的 ××”，以及班级和姓名。背景图根据实际调研项目替换。

第二页：为什么关注

“为什么关注”部分，描述调研背景，说明为什么关注到这个调研对象。例如，案例引入了水污染的概念，并说明了它对人类和大自然的影响。

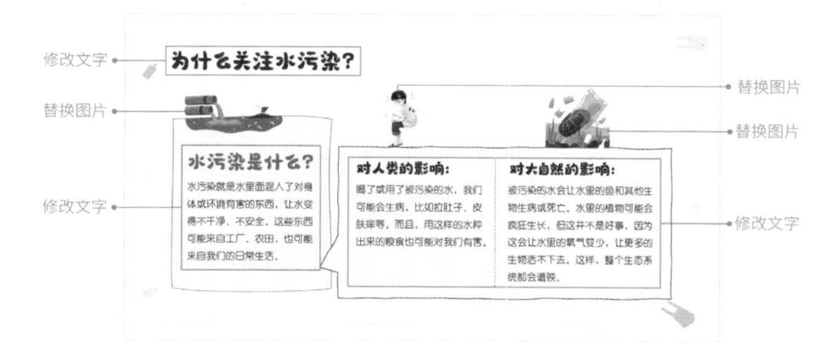

第三页：我们的调研方法

“我们的调研方法”部分，列举采用的调研方法，以及具体是怎样实施的。需要注意的是，部分调研方法（如采样法）应在老师或家长的指导下进行。

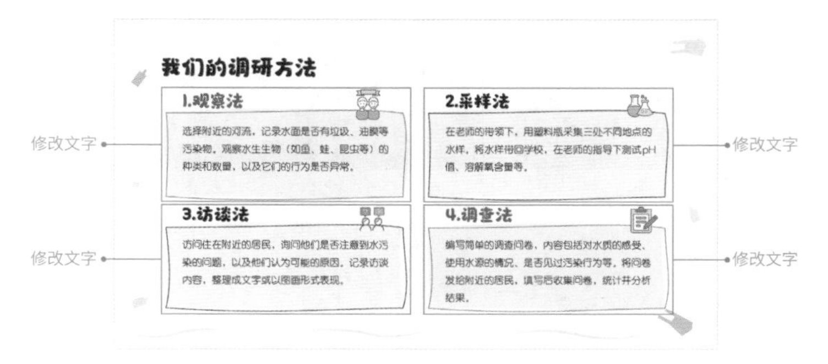

第四页：我们发现了什么

“我们发现了什么”部分，展示采样结果的数据表格，分享调研中的发现，可插入相关照片或视频作为证据。

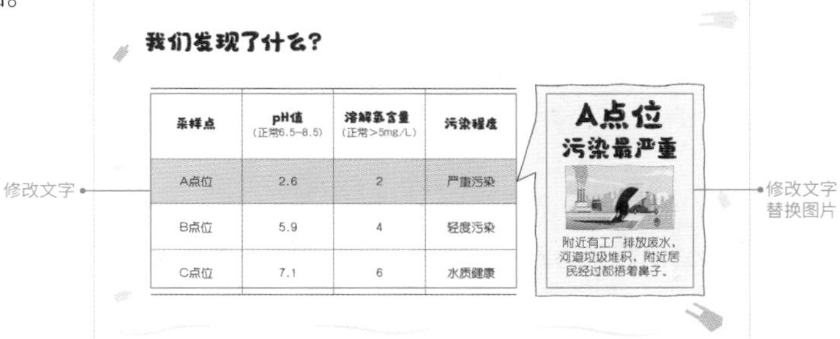
我们发现了什么？

采样点	pH值（正常6.5~8.5）	溶解氧含量（正常>5mg/L）	污染程度
A点位	2.6	2	严重污染
B点位	5.9	4	轻度污染
C点位	7.1	6	水质健康

第五页：我们能做什么

“我们能做什么”部分，提出可行的改善建议，鼓励大家从日常生活做起。

第六页：结尾页

结尾页分享口号“保护水资源 从我做起”，需要将班级和姓名再写一遍。背景图根据实际调研项目替换。

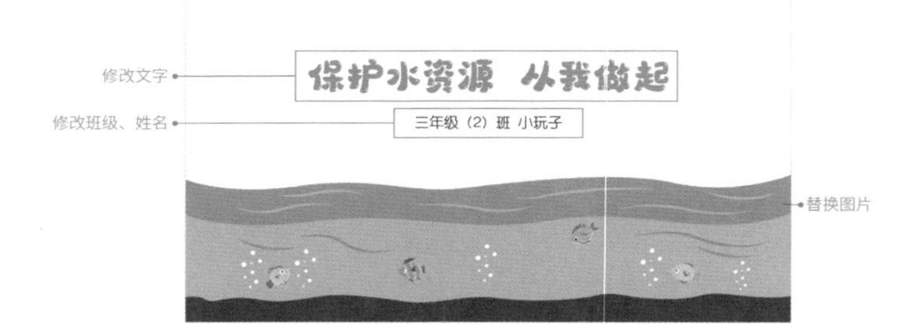

更多建议

除了模板中提到的内容，你还可以选择以下调研课题。

1. 环保问题：研究当地的环保问题，如垃圾分类、空气污染等，并提出解决方案。
2. 植物生长：观察和记录某种植物的生长过程，探究影响植物生长的因素。
3. 动物习性：观察和研究某种动物的生活习性，了解其生存环境和生活规律。
4. 健康生活：研究健康生活方式和饮食习惯，探究如何保持身体健康。

注意事项

更多的调研课题模板。示例模板为水污染调研模板，附赠的模板文件中另有环保问题、植物生长、动物生活习性等模板封面和结尾页可选。模板中的自行车、风车、花盆等装饰图片均为独立图层，可复制单个图片到其他页面中使用。

秋游活动总结

秋游活动总结
三年级（2）班 小玩子

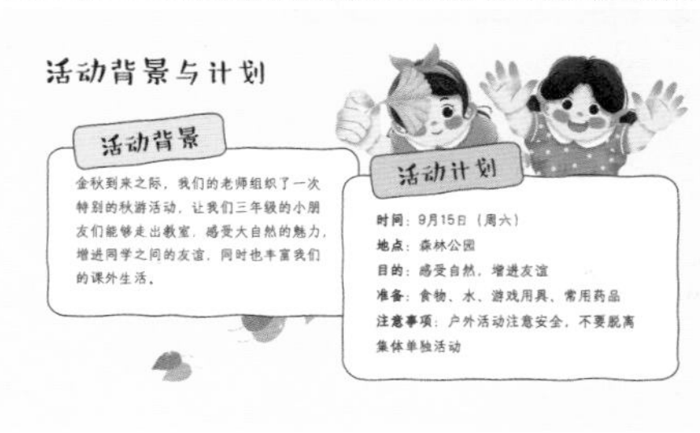
活动背景与计划
活动背景
金秋到来之际，我们的老师组织了一次特别的秋游活动，让我们三年级的小朋友们能够走出教室，感受大自然的魅力，增进同学之间的友谊，同时也丰富我们的课外生活。
活动计划
时间：9月15日（周六）
地点：森林公园
目的：感受自然，增进友谊
准备：食物、水、游戏用具、常用药品
注意事项：户外活动注意安全，不要脱离集体单独活动

当天行程
起点
大巴车集合
抵达公园
户外活动
分享食物
小游戏
捡垃圾
收拾行李
大巴车返程
终点

精彩瞬间

活动收获
这次秋游活动让我收获良多。我不仅欣赏到了美丽的秋景，还和小伙伴们一起玩了很多有趣的游戏，增进了我们之间的友谊。同时，通过户外活动，我也锻炼了身体，增强了体能。最重要的是，我学会了保护环境，珍惜大自然的美好。

期待下次出游
三年级（2）班 小玩子

42 民俗剪纸体验活动总结

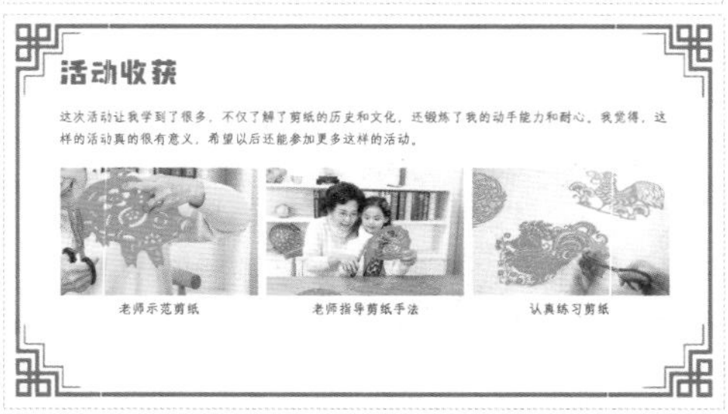

43 民俗陶艺体验活动总结

民俗体验

-陶艺-

三年级（2）班 小玩子

活动背景

陶艺是用黏土或其他可塑性材料制作的艺术品，它有着悠久的历史和丰富的文化内涵。这次民俗体验活动，老师带领我们来到了充满神秘色彩的陶艺工坊。我们都感到非常兴奋和好奇，因为这是我们第一次如此近距离地接触黏土，探索它的奥秘。

陶艺制作步骤

1.和泥

将黏土和水混合，揉成软度适中的泥团。

2.塑形

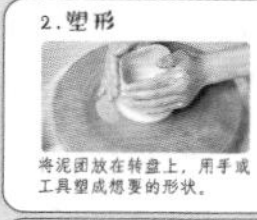

将泥团放在转盘上，用手或工具塑成想要的形状。

3.晾干

将塑形好的陶艺作品放在通风处晾干。

4.上色

给陶艺作品涂上喜欢的颜色。

5.烧制

将晾干的作品放入窑炉中烧制。

我们的陶艺作品

1号作品

2号作品

3号作品

活动的意义

陶艺是一种艺术形式，是对传统文化的传承和发扬。通过学习陶艺，我们可以更好地了解和欣赏传统文化的魅力。 通过这次陶艺体验活动，我不仅学到了很多关于陶艺的知识和技能，还感受到了传统文化的博大精深。我会继续努力学习，传承和发扬中国优秀传统文化。

期待下一次

-陶艺-

三年级（2）班 小玩子

44 城市标志性景观打卡活动总结

北京标志性景观打卡

三年级（2）班 小玩子

活动背景

作为一名三年级小学生，我有幸参加了学校组织的北京标志性景观打卡活动，这次活动的主要目的是让我们更好地了解北京的历史文化，感受古都的魅力，并通过实地参观学习，加深对课本知识的理解和记忆。

故宫

天坛

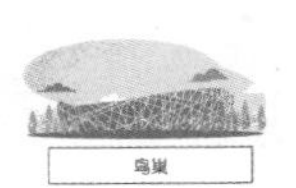

鸟巢

打卡点1：故宫

首先，我们来到了故宫。这座宏伟壮丽的古建筑群让我感受到了古代皇家的威严和尊贵。在导游的讲解下，我了解了故宫的历史背景、建筑特点和文化内涵。我特别喜欢那些精致的宫殿和华丽的装饰，古代的能工巧匠真的很伟大。

打卡点2：天坛

然后，我们来到了天坛，这是古代皇帝祭天、祈谷、祈雨的地方。天坛的建筑风格独特，尤其是祈年殿，给我留下了深刻的印象。导游还给我们讲解了天坛的历史和祭祀文化，让我对古代帝王祭天仪式的宏大与精细有了更加直观的理解。

打卡点3：鸟巢

最后，我们来到了鸟巢——北京国家体育场。鸟巢是2008年北京奥运会的标志性建筑。在奥运会期间，它向全世界人民展示了它独特的风姿和神韵。这座建筑融合了古代建筑的精髓和现代建筑的理念。站在鸟巢前，我仿佛能感受到运动员们在这里拼搏的热血与激情。

期待下次活动

三年级（2）班 小玩子

45 社区志愿服务活动总结

活动开启：
小志愿者们，出发！

清晨，阳光洒满大地，我们三年级的小学生在老师的带领下，兴奋地在社区公园中心集合，准备开始一场特殊的社区服务——小学生社区志愿服务活动，我们被分成了A、B两组，分别执行不同的任务。

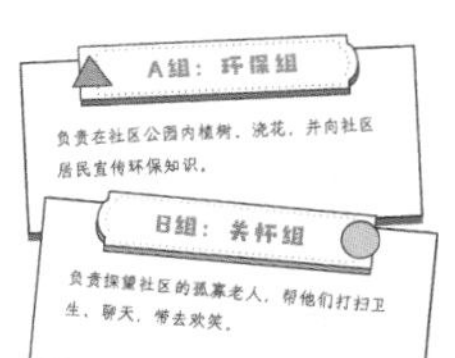

A组：环保组　任务：植树浇花，宣传环保

我们小组在社区的公园和绿地进行了植树和浇花活动。大家分工合作，有的挖坑，有的种树，有的浇水，忙得不亦乐乎。同时，我们还设置了环保宣传展示区，向过往的居民宣传垃圾分类、节约用水等环保知识。

挖坑

种树

宣传垃圾分类

B组：关怀组　任务：探望孤寡老人

另一组同学去了社区的孤寡老人家中，帮助他们打扫卫生，陪他们聊天，给他们带去欢笑。同学们还为老人们表演了节目，让他们感受到了家的温暖。活动结束时，老人们纷纷表示感谢，称赞同学们是贴心的“小棉袄”。

擦玻璃

洗碗

陪伴老人

活动成果与收获：保护环境，关爱他人

这次社区志愿服务活动让我收获了很多。我不仅学会了如何与他人合作，还学会了如何关爱他人。我相信，通过我们的努力，社区的环境会变得更加美好，孤寡老人也会感受到更多的关爱。同时，这次活动也让我更加珍惜与同学们共度的时光，我们的友谊在这次活动中得到了进一步的加深。

46 环保志愿者活动总结

绿 色 行 动 ， 共 筑 地 球 美 好 未 来 ！

活动概述

活动背景

作为一名三年级的小学生，我深知环保的重要性。当得知学校组织环保志愿者活动时，我毫不犹豫地报名参加了。通过这次活动，我希望能为地球母亲做出一点小小的贡献，也希望通过自己的行动，影响更多的人加入环保的行列中来。

活动内容

3
环保知识讲座

1.垃圾分类游戏

我们学习了不同种类的垃圾，并进行了垃圾分类游戏。通过这个游戏，我掌握了正确进行垃圾分类的方法，也深刻体会到了垃圾分类的重要性。

可回收物

厨余垃圾

其他垃圾

有害垃圾

2.环保主题手工制作

我们使用废旧物品进行了环保手工制作，如用废纸箱做成储物盒，用废旧布料做成手提袋等。这让我明白，很多看似无用的东西，只要我们稍加改造，就能变成有用的物品。

用废纸壳做的玩具小房子

用废旧卡纸做的玩具

用废旧布料做的环保手提袋

节能减排，绿色出行

3.环保知识讲座

志愿者老师给我们讲解了环保的重要性及日常生活中的环保小技巧等。通过这次讲座，我深刻理解了环保的意义，也学会了很多实用的环保知识。

随手关灯，节约用电

废旧瓶子洗净回收

47

假期旅行活动总结

美丽邂逅

这次假期，我和家人一起前往椰风岛，完成了一次探险之旅。当我们来到椰风岛时，我简直不敢相信自己的眼睛！那里有蓝天白云、碧绿的海水和细腻的沙滩，真是太美了！感觉就像走进了一幅美丽的画卷，每走一步都有新发现。

探险奇遇

在椰风岛的几天里，我们参加了许多有趣的活动。有一天，我们去海边捉螃蟹。悄悄告诉你，我可是个捉螃蟹的小能手哦！我们还和其他家庭一起参加了烟花晚会，大家围在一起唱歌、跳舞、玩游戏，真是太幸福了！

海底世界

除了捉螃蟹和参加烟花晚会，我们还进行了浮潜。潜入海底的那一刻，我仿佛进入了一个五彩斑斓的童话世界。我看到了五颜六色的鱼儿、漂亮的珊瑚和神秘的海底洞穴，真是太神奇了！

旅行收获

这次旅行让我收获了很多美好的回忆。我学会了如何捉螃蟹、如何浮潜，还结交了很多新朋友。虽然旅行结束了，但我的心还留在椰风岛上。我期待有一天能再次回到那里，继续探索更多的美景和神秘之处。毕竟，生活就是一场大冒险嘛！让我们一起出发吧！

CHAPTER 06

POWERPOINT

第6章 节日节气类

48

元旦介绍

在介绍元旦时，可以从元旦的由来、庆祝方式、祝福语等方面展开介绍。

内容结构

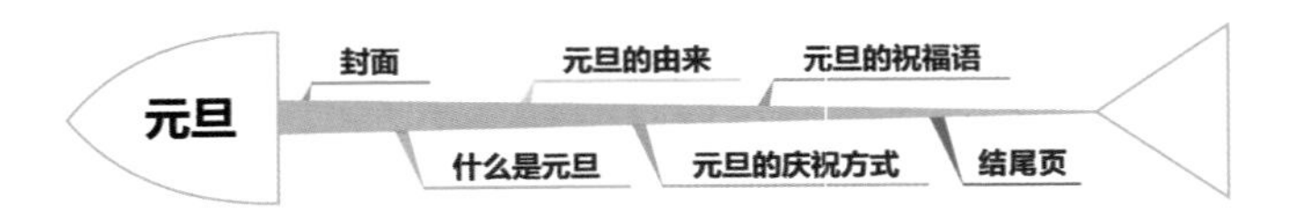

模板运用

运用美化模板时，注意替换班级、姓名和图片，并对文字介绍的内容做适当的修改。

第一页：封面

封面内容包含标题——“元旦 新年的第一天——迎接新年的快乐时光”，以及班级和姓名。

第二页：什么是元旦

“什么是元旦”部分，介绍元旦是哪一天，这一天有什么特殊意义。日历上的年份数字可修改。

第三页：元旦的由来

“元旦的由来”部分，介绍元旦的来历和历史故事。可修改为你所了解的其他故事内容。

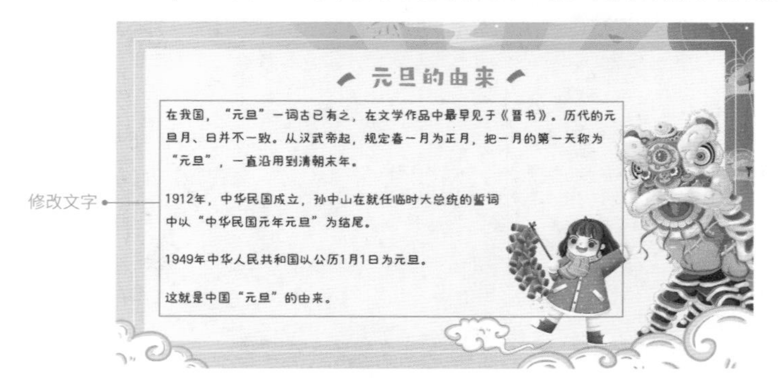

第四页：元旦的庆祝方式

“元旦的庆祝方式”部分，介绍你所了解的元旦庆祝形式。注意，如果更改了活动名称，图片也应同时替换。

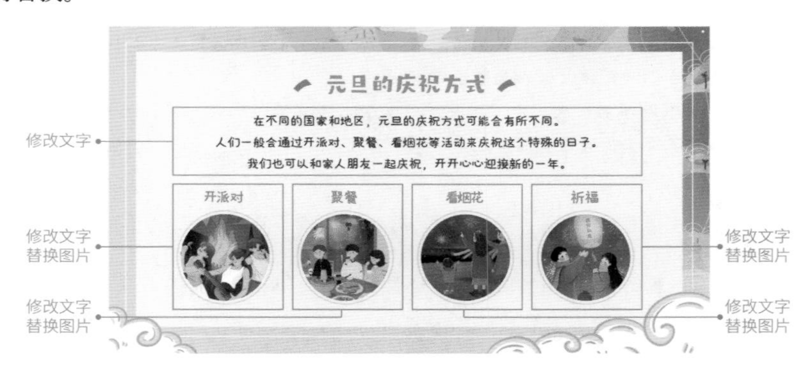

第五页：元旦的祝福语

“元旦的祝福语”部分，介绍元旦可以说哪些吉祥话，列举你所了解的祝语。图片上的祝语文字可修改。

第六页：结尾页

结尾页总结回顾一下这次分享的核心内容，祝愿大家元旦快乐。需要将班级和姓名再写一遍。

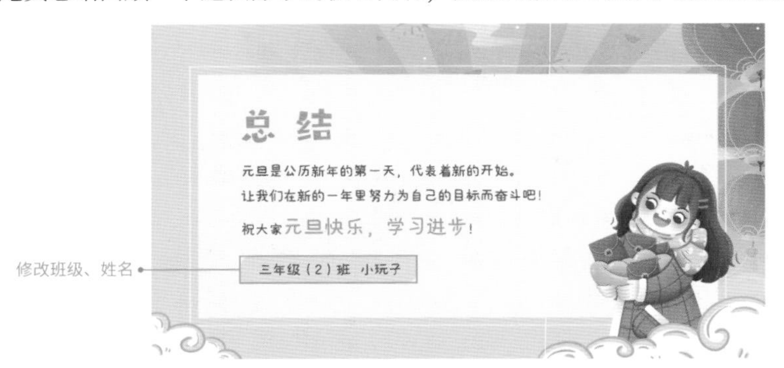

更多建议

除了模板中提到的内容，你还可以从以下几个方面进行优化。

1. 我的元旦：分享你自己在元旦这一天的经历和感受，比如你和家人一起做了什么，你觉得元旦最让你开心的事情是什么等。

2. 元旦的诗歌或歌曲：分享一首与元旦相关的诗歌或歌曲，让同学们感受元旦的氛围。可以选择一首简单易懂、朗朗上口的诗歌或歌曲，让大家一起朗读或演唱。

3. 元旦的安全提示：提醒同学们在庆祝元旦时要注意安全，不要进行玩火、乱放鞭炮等危险行为。同时，也要注意交通安全和饮食卫生，确保度过一个平安快乐的元旦。

注意事项

示例模板为女生模板，附赠的模板文件中另有男生版本可选。

49 元宵节介绍

在介绍元宵节时，可以从元宵节的历史故事和趣味活动展开，再加入赏花灯、猜灯谜等互动体验更好。

内容结构

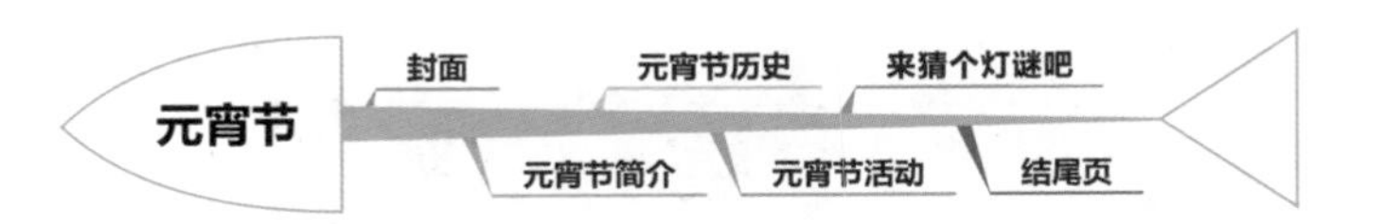

模板运用

运用美化模板时，注意替换班级、姓名和图片，并对文字介绍的内容做适当的修改。

第一页：封面

封面内容包含标题——“元宵喜乐 欢欢喜喜闹元宵”，以及班级和姓名。

第二页：元宵节简介

“元宵节简介”部分，介绍元宵节是什么，有哪些趣味习俗。这一页没有必须替换的内容。

第三页：元宵节历史

“元宵节历史”部分，讲述元宵节的历史故事。可以修改或补充孩子所了解的其他历史故事。

第四页：元宵节活动

“元宵节活动”部分，列举三项元宵节活动，并介绍一下具体是什么活动。可修改为其他活动内容，注意同时替换图片。

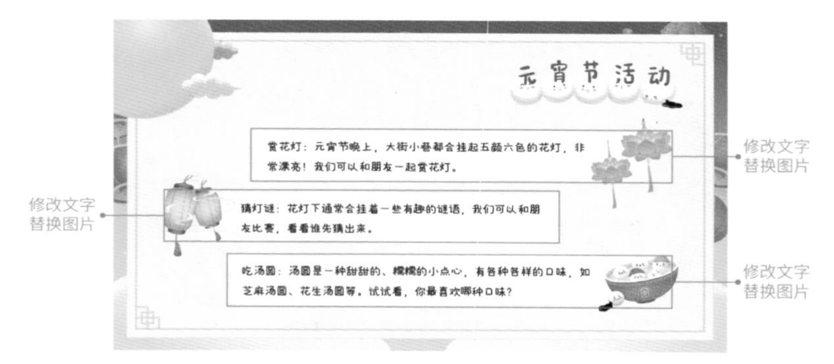

第五页：来猜个灯谜吧

“来猜个灯谜吧”部分，设计一个猜谜游戏。灯谜和谜底文字均可修改。

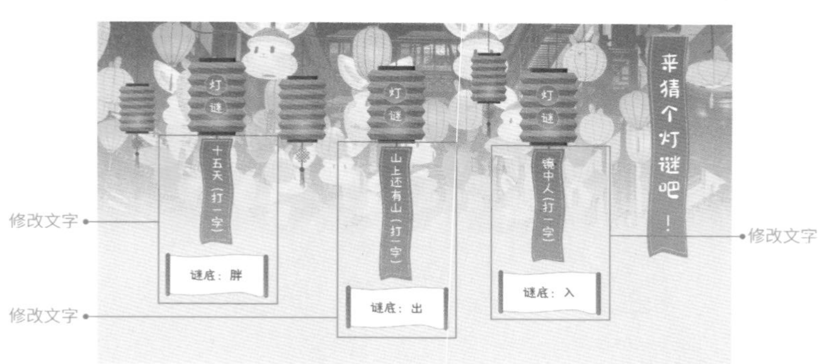

这一页加入了触发动画，在播放状态下点击任意“点击查看谜底”（编辑页不显示），会出现对应灯谜的答案。

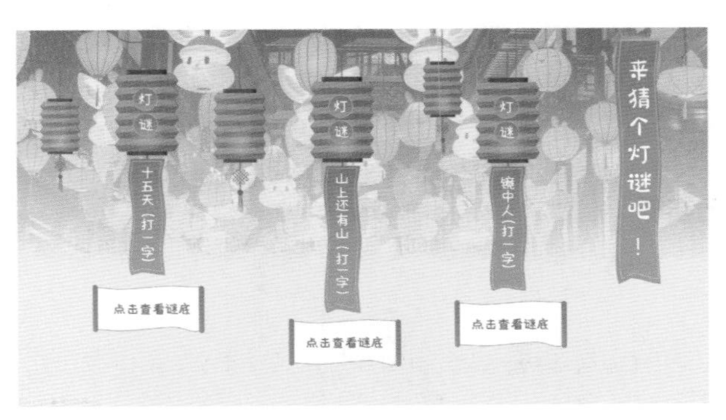

第六页：结尾页

结尾页祝愿大家“欢度佳节 开开心心过元宵”，需要将班级和姓名再写一遍。

更多建议

除了模板中提到的内容，你还可以从以下几个方面进行优化。

1. 元宵节的现代庆祝方式：介绍现代社会如何庆祝元宵节，如举办灯会、庙会等活动。

2. 元宵节与现代科技结合：介绍现代科技如何为元宵节带来新的庆祝方式，展示一些现代科技打造的元宵节庆祝活动，如光影秀、数字灯会等，体现传统与现代的融合。

3. 元宵节环保倡议：强调环保在元宵节庆祝活动中的重要性，提倡使用环保材料制作灯笼和烟花，减少污染。介绍一些环保的庆祝方式，如举办绿色灯会、推广电子烟花等，呼吁大家共同保护地球家园。

50

母亲节介绍

在介绍母亲节时，可以介绍母亲节的来历和活动，并给妈妈送上温暖的祝福。

内容结构

母亲节：封面；母亲节的由来；母亲节的活动；为什么要感谢妈妈；给妈妈的祝福；结尾页

模板运用

运用美化模板时，注意替换班级、姓名和图片，并对文字介绍的内容做适当的修改。

第一页：封面

封面内容包含标题——“母亲节 感谢亲爱的妈妈”，以及班级和姓名。

第二页：母亲节的由来

“母亲节的由来”部分，介绍母亲节的起源和意义。这一页没有必须修改的内容。

第三页：母亲节的活动

“母亲节的活动”部分，介绍母亲节我们可以为妈妈做什么，如帮妈妈做家务、制作贺卡等。可修改为其他活动内容，注意同时替换图片。

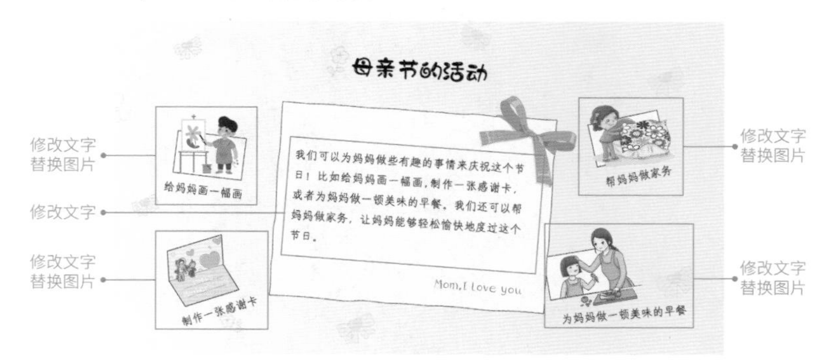

第四页：为什么要感谢妈妈

“为什么要感谢妈妈”部分，说明感谢妈妈的理由，因为妈妈一直在为我们的成长付出，给了我们无私的爱。文字部分可修改为孩子的感悟。

第五页：给妈妈的祝福

“给妈妈的祝福”部分，用自己的话写出对妈妈的祝福，再放上亲子照片。

第六页：结尾页

结尾页“祝妈妈节日快乐”，需要将班级和姓名再写一遍。

更多建议

除了模板中提到的内容，你还可以从以下几个方面进行优化。

1. 介绍不同国家和地区的母亲节庆祝方式。
2. 母亲节的象征：介绍康乃馨，康乃馨是母亲节的象征花卉。
3. 名人名言与故事分享：引用一些关于母爱的名人名言，让同学们更深入地理解母爱的伟大；分享一些能体现母爱的感人故事，让同学们感受母爱的温暖与力量。

注意事项

示例模板为女生模板，附赠的模板文件中另有男生版本可选。

51 儿童节介绍

儿童节是小朋友熟悉的节日，在介绍儿童节时，可以讲述儿童节举办的各种趣味活动和对小朋友们的节日祝福。

内容结构

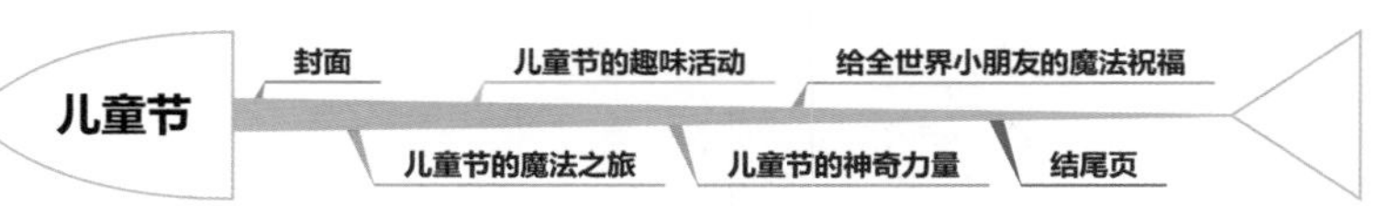

模板运用

运用美化模板时，注意替换班级、姓名和图片，并对文字介绍的内容做适当的修改。

第一页：封面

封面内容包含标题——“儿童节 小小年龄，大大愿望！”，以及班级和姓名。

第二页：儿童节的魔法之旅

“儿童节的魔法之旅”部分是此 PPT 的引言。这一页不需要修改文字，图片可替换为孩子的照片。照片抠图方法见“94 怎样用 AI 工具抠图和调光”。

第三页：儿童节的趣味活动

“儿童节的趣味活动”部分，介绍儿童节可以做什么活动，如舞台表演、做手工等。可修改为孩子喜欢的活动，注意同时替换图片。

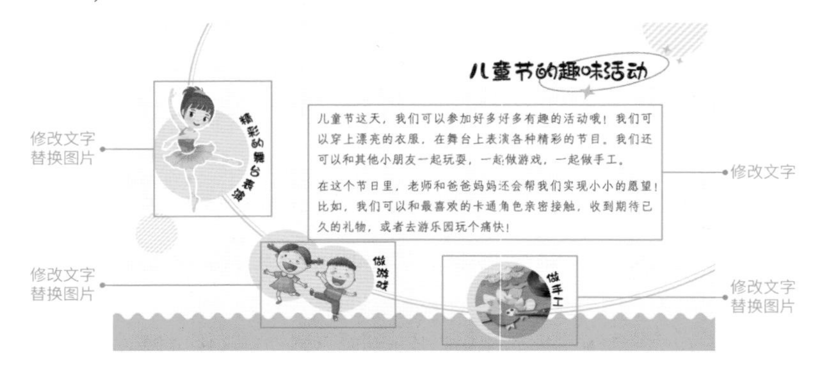

第四页：儿童节的神奇力量

“儿童节的神奇力量”部分，介绍儿童节会给孩子带来什么，包括精神力量和结交朋友，以及成长的快乐。图片可替换为孩子的照片。

第五页：给全世界小朋友的魔法祝福

“给全世界小朋友的魔法祝福”部分，讲述孩子想对小朋友们说的祝福话语。可挑选三句祝福语放在右侧三支棒棒糖的上方。

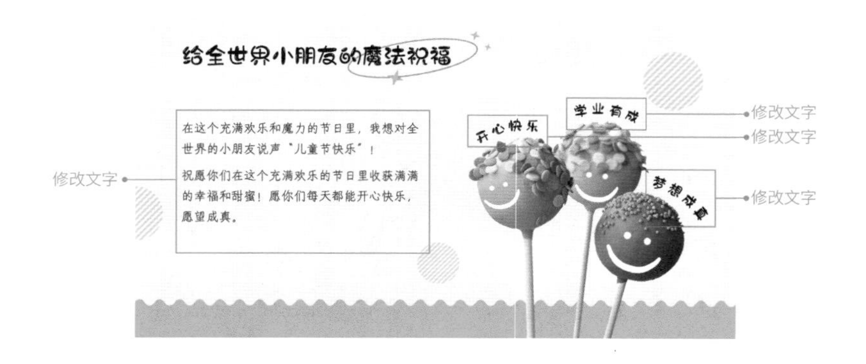

第六页：结尾页

结尾页表达祝福“祝小朋友们节日快乐！”，需要将班级和姓名再写一遍。

更多建议

除了模板中提到的内容，你还可以从以下几个方面进行优化。

1. 儿童节的起源：简述国际儿童节的由来。
2. 介绍不同国家和地区儿童节的庆祝方式。
3. 儿童节与公益：介绍一些儿童节期间的公益活动，如为贫困地区的孩子们捐赠图书、衣物等。

注意事项

示例模板为女生模板，附赠的模板文件中另有男生版本可选。

52 父亲节介绍

在介绍父亲节时，可以从父亲节的由来、活动等方面展开，真诚表达孩子对父亲的爱和感激。

内容结构

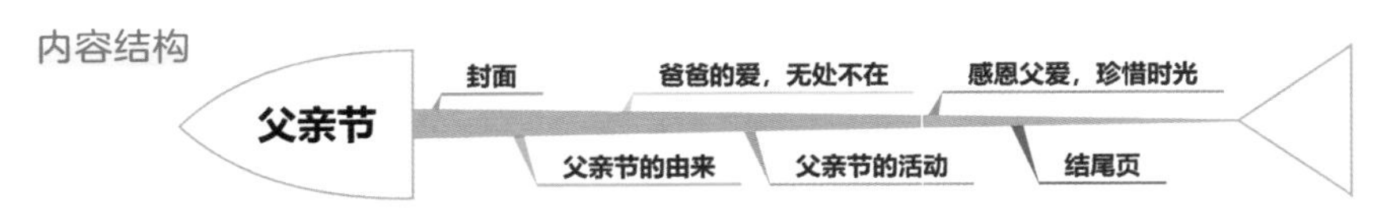

模板运用

运用美化模板时，注意替换班级、姓名和图片，并对文字介绍的内容做适当的修改。

第一页：封面

封面内容包含标题——“老爸，你是我的超级英雄”，以及班级和姓名。

修改班级、姓名

第二页：父亲节的由来

“父亲节的由来”部分，介绍父亲节的来历。这一页没有必须修改的内容。

第三页：爸爸的爱，无处不在

“爸爸的爱，无处不在”部分，分享爸爸的关爱和付出，以及对孩子的影响。

第四页：父亲节的活动

“父亲节的活动”部分，分享父亲节可以为爸爸做的事，如准备小礼物、给爸爸做早餐等。可修改为其他活动，注意同时替换图片。

第五页：感恩父爱，珍惜时光

“感恩父爱，珍惜时光”部分，分享孩子与爸爸相处时的感受，并为爸爸送上真诚的祝福。图片可替换为孩子与爸爸一起开心玩耍的照片。

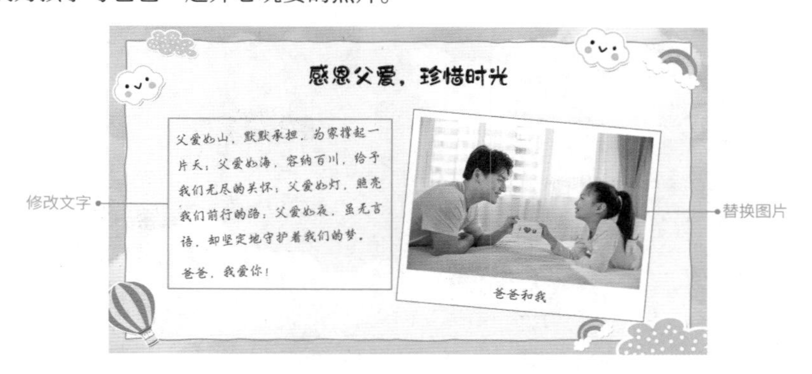

第六页：结尾页

结尾页表达祝福“祝爸爸节日快乐”，需要将班级和姓名再写一遍。

更多建议

除了模板中提到的内容，你还可以从以下几个方面进行优化。

1. 介绍父亲节送给爸爸的礼物，如领带、手表等，并解释其代表的意义。
2. 介绍不同国家和地区庆祝父亲节的独特方式，让同学们感受不同文化的魅力。
3. 名人与他们的父亲：分享一些名人与他们的父亲之间的感人故事，强调父亲对孩子们成长的重要影响。

注意事项

示例模板为女生模板，附赠的模板文件中另有男生版本可选。

53 春节介绍

注意事项

示例模板为女生模板，附赠的模板文件中另有男生版本可选。（图略）

植树节介绍

植树节简介

植树节是每年的3月12日，是人们为了保护环境、绿化地球而设立的节日。在这个节日里，人们会种下很多树，让我们的地球更加美丽。

植树节
3.12

植树节历史

1915年，凌道扬等林学家倡议设立植树节，最初将时间定在每年的清明节。

1928年，国民政府为纪念孙中山逝世三周年，将植树节改为3月12日。

1979年，邓小平同志提议将每年的3月12日定为植树节。

2020年，新修订的《中华人民共和国森林法》实施，明确每年3月12日为植树节。

这个节日的设立是为了提醒人们要保护环境，爱护我们的地球。

植树节的重要性

保护环境

树木可以吸收空气中的灰尘、二氧化碳和其他有害物质，减少空气污染。

防风固沙

树木能够减弱风的力量，减少风沙侵袭，保护农田和城市免受风沙侵袭。植树造林可以形成一道道防风屏障，有效阻挡风沙的移动和扩散。

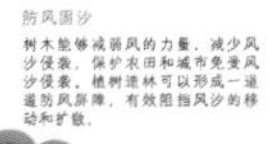

降温减噪

树木可以遮挡阳光，降低地面温度，同时也可以吸收噪声，让我们的环境更加安静，减少噪声污染。

提供氧气

树木通过光合作用释放氧气，有助于改善空气质量，为人类提供清新的空气。

植树节活动

在植树节这天，人们会种下很多树木，同时也会参加各种活动，比如义务劳动、宣传环保等。你也可以和家人朋友一起种下一棵树，为我们的地球贡献一份力量。

树苗小小，绿意浓浓！

生命在于绿色，希望在于绿色！

清明节介绍

清明
QING
MING
清明节，纪念先人的节日
三年级（2）班 小玩子
清明节简介
清明节又称踏青节、行清节、三月节、祭祖节等，在农历春分后第十五天。清明节是中国的传统节日，是扫墓祭奠、怀念离世亲人的节日。这个节日有着悠久的历史和文化背景。
清明节习俗
扫墓
人们会带着供品和鲜花去先人的墓地，打扫墓地，献上供品，表达对先人的怀念和敬意。
烧纸钱
人们会在墓前烧纸钱和其他物品，以示对先人的缅怀和纪念。
清明节习俗
踏青
清明节是踏青的好时节，人们会去公园、山区等地方游玩，欣赏大自然的美景。
插柳
人们会折下嫩绿的柳枝，插在门前，代表着对春天的祈福与纪念，还象征着新的生命和希望。
放风筝
清明放风筝是普遍流行的习俗。古人认为，放风筝可以放走自己的秽气。
文明祭扫，从我做起
鲜花祭祀 用鲜花代替纸钱等物品，既环保又美观。
环保祭祀 注意保护环境，不乱扔垃圾。
网上祭祀 通过网上祭祀平台进行虚拟祭祀。
云祭祀
寄哀思
清明节的重要性
传承文化
清明节是中华民族孝道文化的集中展现，孝道是中华文化的核心之一。
增强家族凝聚力
清明节是家人团聚的日子，清明节扫墓等活动可以增强家族的凝聚力。
缅怀先人
清明节是缅怀先人的日子，人们能通过这个机会表达对先人的敬意和感激之情。
礼敬先祖 清明追思！
三年级（2）班 小玩子

56 世界读书日介绍

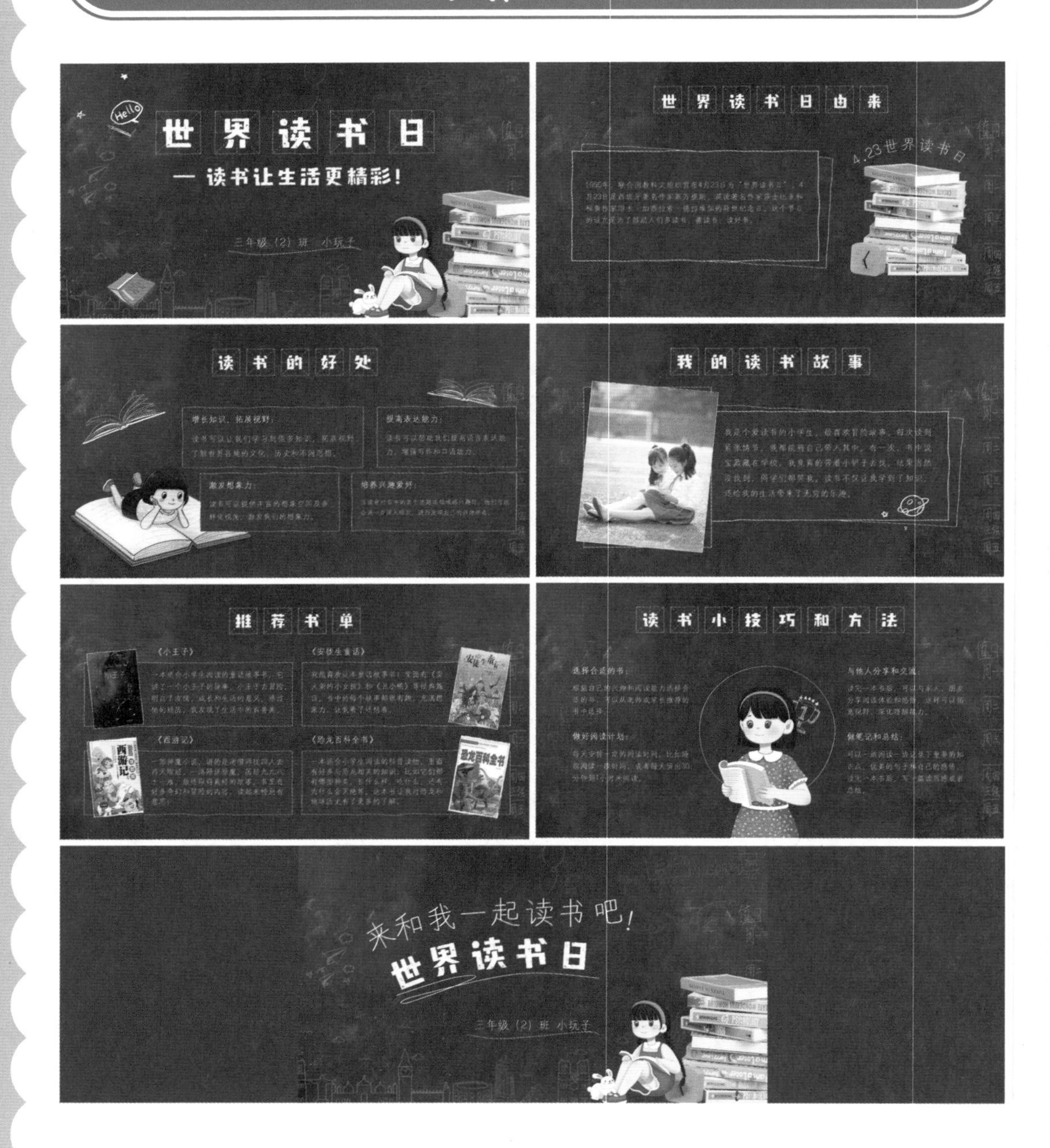

注意事项

示例模板为女生模板，附赠的模板文件中另有男生版本可选。（图略）

57 五一国际劳动节介绍

五一国际劳动节是每年的5月1日，是世界上80多个国家的全国性节日！1949年12月23日，中央人民政府政务院将五一国际劳动节定为值得纪念和庆祝的节日。

劳动节的历史小故事

你知道五一国际劳动节的由来吗？

据说在19世纪80年代，美国芝加哥等城市的35万工人举行大罢工和游行示威，要求实行8小时工作制、改善劳动条件，美国当局迫于国际舆论和社会压力，宣布实施8小时工作制。

为了纪念这次斗争，1889年7月，第二国际在巴黎举行的代表大会上将5月1日确立为五一国际劳动节。

劳动节的意义

尊重劳动

每个人的工作都是社会进步的基石，我们应该尊重每一个人的劳动。

公平权益

劳动节提醒我们，要关注劳动者的权益，努力实现公平待遇。

促进消费

劳动节是个购物狂欢节，可以促进商品销售和服务业的发展。

增强团结

大家一起庆祝劳动节，可以促进劳动者之间的友谊与合作。

劳动节快乐活动

放假休息　在这个特别的日子里，劳动者可以放下工作，好好休息一下！

家庭聚会　和家人、朋友一起聚餐、看电影或者玩游戏，享受快乐时光。

旅游观光　去风景名胜区游玩，或者探索家乡的美丽景点。

公益活动　参加志愿者活动或捐款，帮助需要帮助的人。

创意手工　亲手制作小礼物，表达对劳动者的敬意。

端午安康
纪念古代大诗人屈原
三年级（2）班 小玩子

端午节的传说
很久很久以前，楚国有一位名叫屈原的诗人，他非常爱国，但受到了很多人的误解和排挤。在五月初五这天，他选择了跳江。人们为了纪念他，就将米饭包裹在竹叶里扔进江里，这就是粽子的由来。同时，人们为了不让鱼儿吃掉屈原的身体，就划龙舟驱赶鱼儿，这就是端午节赛龙舟的由来啦！

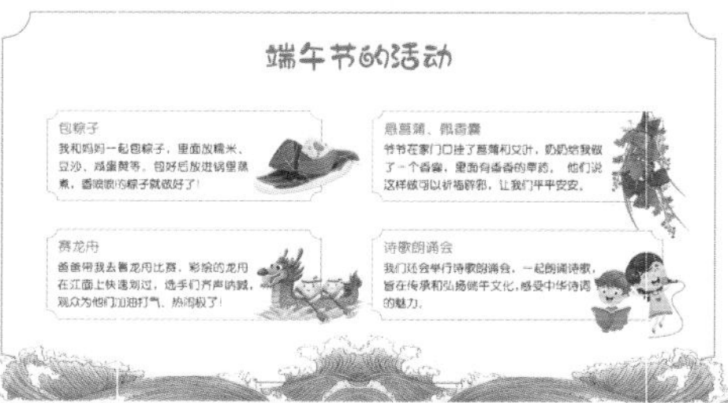
端午节的活动
包粽子
我和妈妈一起包粽子，里面放糯米、豆沙、咸蛋黄等。包好后放进锅里煮熟，香喷喷的粽子就做好了！
悬菖蒲、佩香囊
爷爷在家门口挂了菖蒲和艾叶，奶奶给我做了一个香囊，里面有香香的草药。他们说这样做可以祈福辟邪，让我们平平安安。
赛龙舟
爸爸带我去看龙舟比赛，彩绘的龙舟在江面上快速划过，选手们齐声呐喊，观众为他们加油打气，热闹极了！
诗歌朗诵会
我们还会举行诗歌朗诵会，一起朗诵诗歌，旨在传承和弘扬端午文化，感受中华诗词的魅力。

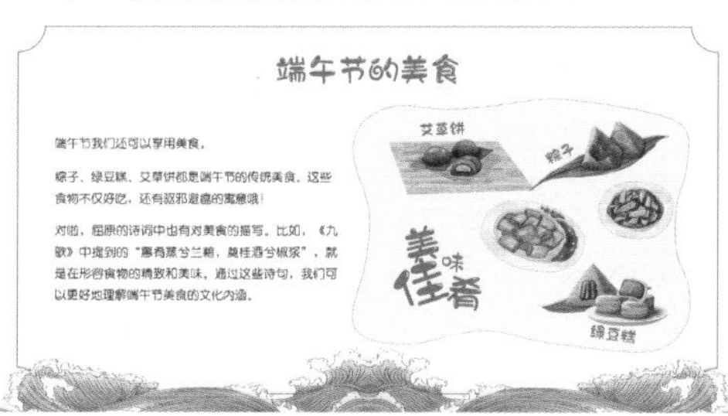
端午节的美食
端午节我们还可以享用美食。
粽子、绿豆糕、艾草饼都是端午节的传统美食，这些食物不仅好吃，还有驱邪避瘟的寓意哦！
对啦，屈原的诗词中也有对美食的描写。比如，《九歌》中提到的“蕙肴蒸兮兰藉，奠桂酒兮椒浆”，就是在形容食物的精致和美味。通过这些诗句，我们可以更好地理解端午节美食的文化内涵。
艾草饼
粽子
美味佳肴
绿豆糕

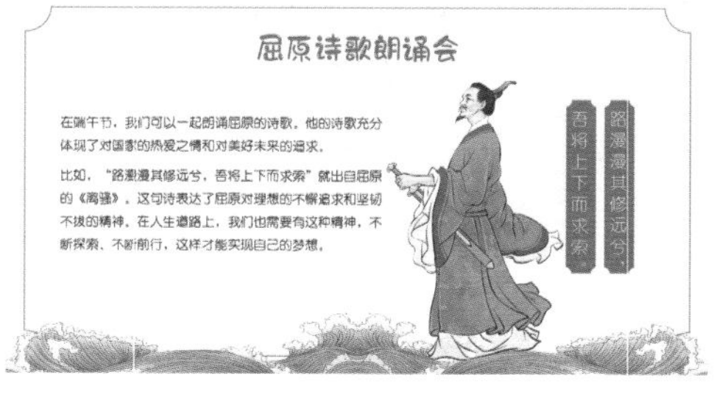
屈原诗歌朗诵会
在端午节，我们可以一起朗诵屈原的诗歌。他的诗歌充分体现了对国家的热爱之情和对美好未来的追求。
比如，“路漫漫其修远兮，吾将上下而求索”就出自屈原的《离骚》。这句诗表达了屈原对理想的不懈追求和坚韧不拔的精神。在人生道路上，我们也需要有这种精神，不断探索、不断前行，这样才能实现自己的梦想。
路漫漫其修远兮，
吾将上下而求索。

端午安康
龙/舟/破/浪/行 粽/叶/裹/情/思
三年级（2）班 小玩子

59 世界无烟日介绍

“世界无烟日 我们来呼吁！”

远/离/烟/草　保/护/健/康

三年级（2）班　小玩子

什么是世界无烟日？

嗨，大家好！今天是5月31日，是世界无烟日哦！你们知道这个节日是怎么来的吗？

让我来告诉你们吧！这个节日是为了呼吁大家远离烟草，保护自己的身体健康而设立的。

吸烟的危害有哪些？

吸烟对身体有很多危害哦！

吸烟会引起心脑血管疾病、呼吸系统疾病、消化系统疾病，还会影响我们的口腔和皮肤健康。而且，吸烟不仅对吸烟者本人有害，周围的人吸到二手烟也会影响身体健康！

所以，同学们千万不要模仿大人吸烟，还要劝身边的人戒烟哦！

如何远离烟草？

劝爸爸戒烟

我知道很多小朋友的爸爸都抽烟，那我们该如何劝他们戒烟呢？首先，我们可以告诉他们吸烟的危害，让他们了解抽烟对身体的危害。其次，我们可以帮助他们制订一个戒烟计划，比如每天减少一支烟，逐渐减少烟量。最后，我们可以给他们一些鼓励和支持，让他们能够坚持下去。

让我们一起行动起来，引导爸爸戒烟吧！

吸烟有害健康！

珍/惜/生/命　远/离/烟/草

三年级（2）班 小玩子

60 国际奥林匹克日介绍

什么是国际奥林匹克日？

1948年，国际奥林匹克委员会将每年的6月23日定为国际奥林匹克日。设立这个节日的目的是纪念现代奥林匹克运动的诞生及弘扬奥林匹克精神，鼓励世界上所有的人，不分性别、年龄或体育技能的高低，都能参与到体育活动中来。

国际奥林匹克的标志

奥运五环，五个相互套连的圆环分别代表五大洲：黄色代表亚洲，黑色代表非洲，蓝色代表欧洲，红色代表美洲，绿色代表大洋洲。整个标志代表世界人民大团结。奥运五环是1913年根据顾拜旦的构思设计的。

奥林匹克精神的三大支柱

2008年北京奥运会回顾

北京鸟巢

2008年北京奥运会是一届无与伦比的体育盛事，它展现了中国的悠久历史与现代风貌的完美融合。奥运场馆的宏伟壮观、运动健儿的精彩表现、志愿者的热情服务，赢得了全世界的赞誉。这场盛会不仅促进了国际间的交流与合作，还极大地提升了中国的国际形象。通过奥运，世界看到了一个开放、自信、友善的中国。北京奥运会成为中国乃至世界体育史上一座光辉的里程碑。

生命不息　运动不止

让我们一起继续发扬奥林匹克精神，积极参与体育活动，追求卓越，不断进步！

三年级（2）班　小玩子

七夕节介绍

什么是七夕节？

七夕节，
又称乞巧节、七巧节、女儿节等，
是我国民间的传统节日，
在农历七月初七庆祝。
这个节日源于人们对自然天象和时间的崇拜，
还衍生出了美丽的传说。

牛郎织女的传说

相传，牛郎是一个勤劳的放牛郎，他与天上的仙女织女相遇并相爱。他们结为夫妻，还生下了一双儿女。然而，王母得知后，将织女带回了天界，只允许他们在每年的农历七月初七通过鹊桥相会一次。这一天，人间的喜鹊会飞来搭桥，帮助他们短暂相聚。

牛郎织女的爱情象征着忠贞不渝，七夕节也因此成为中国的情人节，人们在这一天祈求爱情美满、家庭幸福。

“乞巧”的习俗

在古代，七夕节的主要习俗之一是“乞巧”。人们在七夕节吃巧果、巧芽面，并进行穿针乞巧、喜蛛应巧、守夜许愿、曝书、晒衣等一系列乞巧活动。这一习俗表达了古代女性对巧艺的崇拜和追求。

有趣的七夕活动

放风筝

希望自己的愿望
能随着风筝飞向天空。

讲故事

听妈妈讲牛郎织女的故事。

祈福

向织女星许下心愿，
希望自己能更聪明、心灵手巧。

结语与感想

七夕节是一个充满浪漫和快乐的节日，让我们更加珍惜爱情和友情。

我们可以和家人、朋友一起庆祝节日，感受传统文化的魅力。希望每个人都能在七夕节找到属于自己的幸福和美好！

三年级（2）班 小玩子

62 中秋节介绍

中秋
中秋佳節
中国传统节日
农历八月十五
三年级（2）班 小玩子

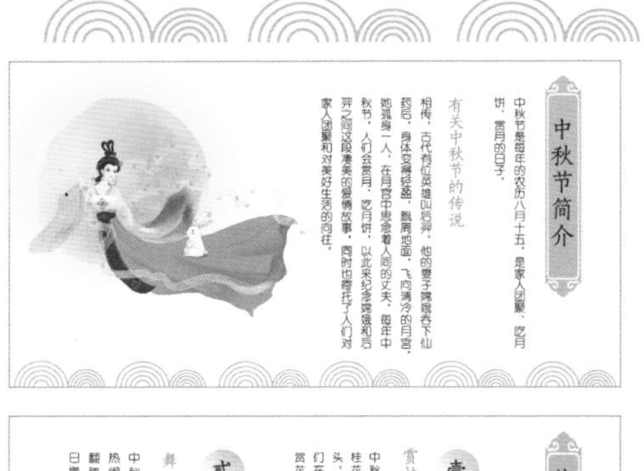
中秋节简介
中秋节是每年的农历八月十五，是家人团聚、吃月饼、赏月的日子。
有关中秋节的传说
相传，古代有位英雄叫后羿。他的妻子嫦娥吞下仙药后，身体变得轻盈，飘离地面，飞向清冷的月宫。她孤身一人，在月宫中思念着人间的丈夫。每年中秋节，人们会赏月、吃月饼，以此来纪念嫦娥和后羿之间这段凄美的爱情故事，同时也寄托了人们对家人团聚和对美好生活的向往。

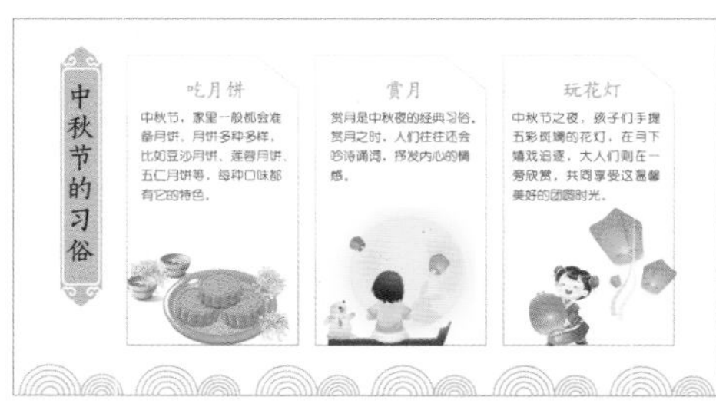
中秋节的习俗
吃月饼
中秋节，家里一般都会准备月饼。月饼多种多样，比如豆沙月饼、莲蓉月饼、五仁月饼等，每种口味都有它的特色。
赏月
赏月是中秋夜的经典习俗。赏月之时，人们往往还会吟诗诵词，抒发内心的情感。
玩花灯
中秋节之夜，孩子们手提五彩斑斓的花灯，在月下嬉戏追逐，大人们则在一旁欣赏，共同享受这温馨美好的团圆时光。

传统中秋节活动
壹
赏桂花
中秋节之际，家家户户都会赏桂花，那金黄色的桂花挂满枝头，香气扑鼻，令人陶醉。人们在桂花树下，一边品茶一边赏花，共度佳节。
贰
舞龙舞狮表演
中秋节时，不少地方会举行热闹的舞龙舞狮表演，龙狮翻腾跳跃，气势磅礴，为节日增添了浓厚的喜庆氛围。

现代中秋节活动
在现代社会中，人们庆祝中秋节的方式发生了变化，除了赏月与吃月饼等传统的习俗活动，人们还会通过家庭聚会、旅游度假等方式庆祝节日。
随着科技的发展，线上庆祝方式逐渐流行，人们通过视频通话、社交媒体等方式，实时与家人分享彼此的生活点滴和节日祝福，实现“云团圆”。

月圆人更圆
团圆更此时
中秋佳節
三年级（2）班 小玩子

63 教师节介绍

9月10日
教师节快乐
感谢辛勤付出的老师们
三年级（2）班　小玩子

什么是教师节？
教师节是专门为教师设立的节日，旨在向全社会弘扬尊师重教的传统。这一天，我们要向老师表达我们的感激之情！
感谢老师教会我们知识
感谢老师帮助我们成长
999X999=?
数学

教师节的起源
西周时期就有“弟子事师，敬同于父”的说法。汉晋时期，每年皇帝会举行祭孔仪式。此后，祭孔规格不断上升，孔子诞辰成为事实上的教师节。
随着时间的推移，教师节逐渐演变为现在的形式，成为中国的法定节日，每年9月10日都会庆祝。1985年9月10日是新中国的第一个教师节。
9月10日教师节

教师节的活动
在教师节这天，学生们会送给老师特别的礼物来表达对老师的感谢和敬意。学校也会组织特别的庆祝活动，比如表演、茶话会等，让老师们度过一个愉快的节日。
鲜花
巧克力
亲手制作的贺卡
表演节目

如何感谢老师？
向老师说声“谢谢”
帮老师擦黑板
给老师写一封感谢信

老师，
您辛苦啦！
三年级（2）班　小玩子

64 国庆节介绍

国庆
国庆节
祖国的生日，我们的节日！
三年级（2）班 小玩子

★★★ 什么是国庆节？★★★
国庆节是祖国的生日
这一天，全国人民都会庆祝，共同欢度祖国的生日。
国庆节也是我们的节日
这一天，我们穿上漂亮的衣服，参加庆祝活动，感受祖国的强大与繁荣。

★★★ 国庆节的起源 ★★★
一九四九年十月一日

★★★ 国庆节的习俗 ★★★
01
升旗仪式
02
阅兵仪式
03
文艺表演和游行
04
与家人聚会

★★★ 国庆节的意义 ★★★
纪念国家成立：
增强国民信心：
弘扬民族精神：
促进社会稳定：
展示国家形象：

国庆
国庆节的意义深远而重大，它不仅是一个节日，更是国家独立、民族凝聚力的象征。
希望祖国越来越强大，人民越来越幸福！
让我们一起为祖国加油！
三年级（2）班 小玩子

65 重阳节介绍

重阳节简介

重阳节是在每年农历的九月初九，又称“重九节”。古人认为，九九重阳是吉祥的日子，故民间会有登高祈福、拜神祭祖及饮宴祈寿等习俗，传承至今，又添加了感恩敬老等内涵。

重阳节的习俗活动

在重阳节这天，人们会举办很多有趣的习俗活动，其中最著名的就是登高赏秋啦！

除了登高，人们还会赏菊、喝菊花酒、吃重阳糕等，孩子会为老人送去祝福和关爱，比如去看望老人，给老人送礼物等。

重阳诗歌

九月九日忆山东兄弟

唐·王维

独在异乡为异客，

每逢佳节倍思亲。

遥知兄弟登高处，

遍插茱萸少一人。

现代的重阳节庆祝方式

在现代社会，重阳节的庆祝方式日益多样化，既保留了传统习俗，如登高、赏菊等，又会借助社交媒体分享家庭团聚的温馨瞬间，传递祝福。此外，一些地方还会举办重阳文化艺术节，邀请各类艺术表演团队进行演出，还会举办文化展览等。传统与现代交织，重阳节的庆祝方式更加丰富多彩。

结尾

登高望远庆重阳，
敬老爱老记心上！

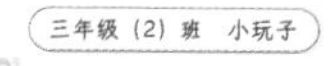

66 腊八节介绍

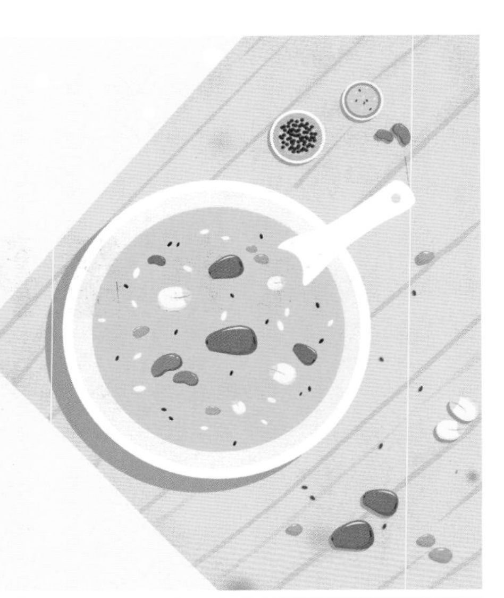

三年级（2）班　小玩子

什么是腊八节？

腊八节是每年的农历腊月初八，是典型的中国传统节日。

腊八节的前身是古代的腊日。腊日是上古重要的年终祭祀日。腊日起初并没有固定时期，直到魏晋南北朝时，才固定在腊月初八这一天。腊八节的主要习俗是「喝腊八粥」。

腊八节习俗——喝腊八粥

腊八节最重要的习俗就是喝腊八粥啦！

腊八粥是由很多种食材熬制而成的，包括红豆、红枣、花生、莲子等。腊八粥又香又甜，吃了可以暖身哦！

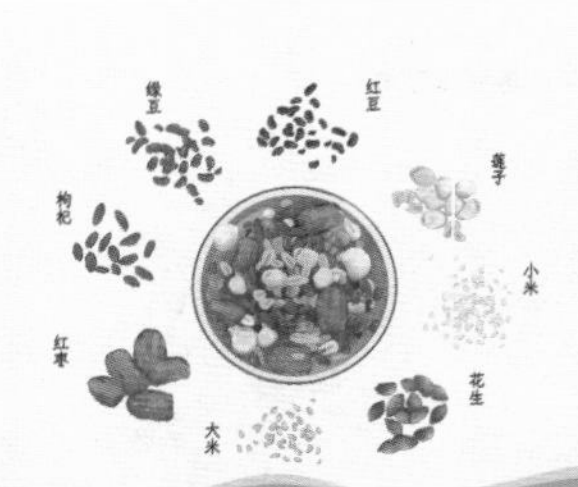

腊八节习俗——腌腊八蒜

腌腊八蒜是腊八节的传统习俗。

只需要准备一个醋缸，将剥好的蒜瓣放入醋中，密封好，放到较冷的地方等待一段时间，白蒜就会变成翠绿色的腊八蒜。

腊八节的意义

腊八节虽然不如春节、中秋那么热闹，但它也有自己独特的意义。

腊八节寓意庆祝丰收，同时祈求来年吉祥与五谷丰登。它体现了人们对自然的感恩。通过喝腊八粥，我们不仅可以感受到家的温暖，还能传承勤劳、善良和互助的美好品德。

希望大家都喜欢这个“喝粥节”，和家人一起享受美味！

小孩小孩你别馋，过了腊八就是年！

三年级（2）班　小玩子

中国传统节日介绍
感受传统　品味文化
三年级（2）班　小玩子
中国的传统节日有哪些？
中国有许多传统节日，如春节、元宵节、清明节、端午节、七夕节、中秋节和重阳节等，这些节日各具特色，承载着丰富的文化内涵。
春节
元宵节
清明节
端午节
七夕节
中秋节
重阳节
传统节日（一）
春节
新春快乐
元宵节
龙抬头

传统节日（二）
清明节
端午节
七夕节

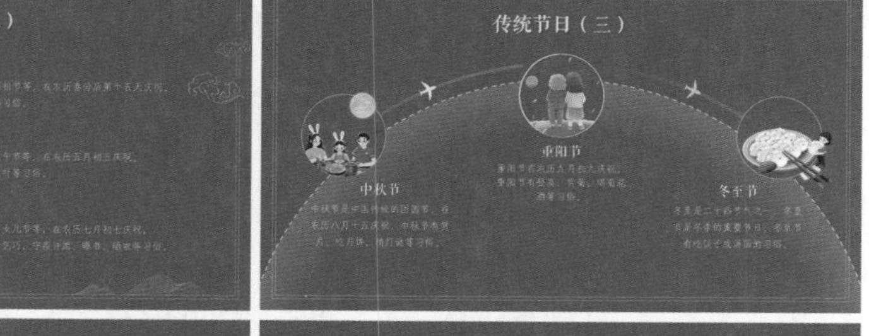
传统节日（三）
中秋节
重阳节
冬至节

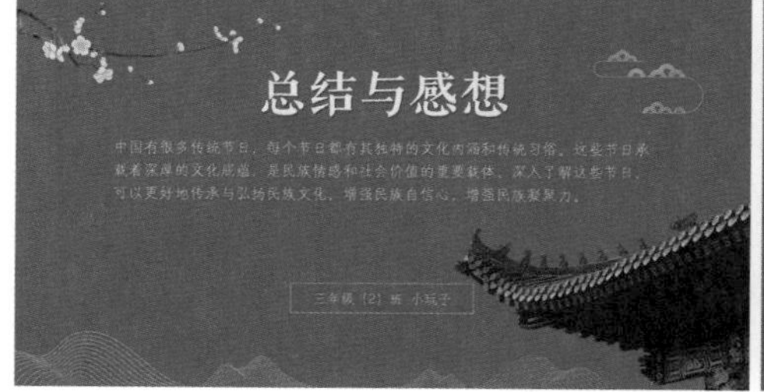
总结与感想
中国有很多传统节日，每个节日都有其独特的文化内涵和传统习俗。这些节日承载着深厚的文化底蕴，是民族情感和社会价值的重要载体。深入了解这些节日，可以更好地传承与弘扬民族文化，增强民族自信心，增强民族凝聚力。
三年级（2）班　小玩子

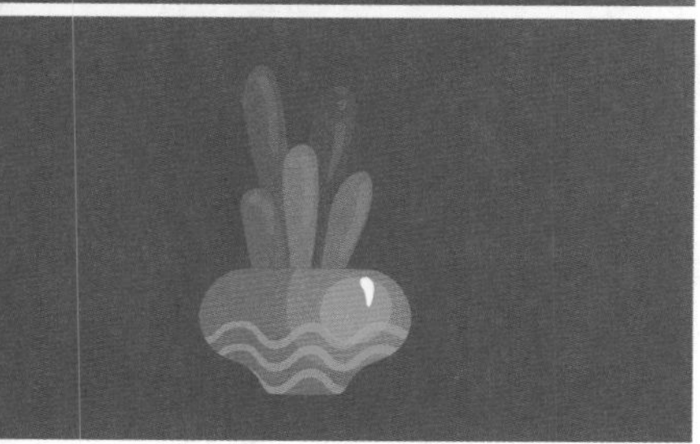

68 二十四节气介绍

二十四节气
——传统智慧的结晶
三年级（2）班 小玩子
导言
二十四节气是中国古代用来指导农事的一种历法。它告诉我们，一年中有二十四个特殊的时刻，每个都代表着天气或季节的变化。
比如，立春就是春天开始啦，天气开始变暖；夏至是一年中白天最长的一天；冬至是一年中夜晚最长的一天。农民伯伯会根据这些节气来决定什么时候种田、什么时候收割。
二十四节气可以让我们更好地了解大自然，也让我们的生活更有规律。
丰
二十四节气歌
春雨惊春清谷天，
夏满芒夏暑相连，
秋处露秋寒霜降，
冬雪雪冬小大寒。
每月两节不变更，
最多相差一两天。
上半年来六廿一，
下半年是八廿三。
图解二十四节气
一岁四时，春夏秋冬各三个月，每月两个节气，每个节气均有其独特的意义。
冬 春 秋 夏
春季节气
立春
春季的开始，标志着万物复苏。
春分
昼夜平分，气温逐渐升高。
雨水
降雨开始，滋润大地。
清明
气清景明，自然界呈现生机勃勃的景象。
惊蛰
春雷乍动，冬眠的动物苏醒，万物生机盎然。
谷雨
雨水充足，利于谷物生长。
夏季节气
立夏
夏季的开始，气温逐渐升高。
夏至
白天最长，夜晚最短。
小满
麦类等夏收作物已经饱满，但未成熟。
小暑
开始进入炎热的夏季。
芒种
种植农作物的好时机，晚稻在这个时节该种了。
大暑
一年中日照最多、最炎热的节气。
秋季节气
立秋
秋季的开始，气温逐渐降低。
秋分
暑热已消，天气转凉，暑凉相分。
处暑
酷热难熬的天气到了尾声。
寒露
时有冷空气南下，昼夜温差较大，并且秋燥明显。
白露
夜间温度低，空气中的水汽凝结成露水。
霜降
出现霜冻，预示着冬季到来。
冬季节气
立冬
生气开始闭蓄，万物进入休养、收藏状态。
冬至
白天最短，夜晚最长。
小雪
天气会越来越冷，降水量渐增。
小寒
进入一年中最寒冷的时节。
大雪
天气更加寒冷。
大寒
一年中最后一个节气，极冷。
因时制宜
尊重自然，和谐共生
三年级（2）班 小玩子

CHAPTER 07

第7章

安全教育类

69 普法知识分享

在介绍普法知识时，应从多个方面进行介绍，包括什么是法律、基本的法律法规常识、常见的违法违规行为及如何遵守法律法规等。

内容结构

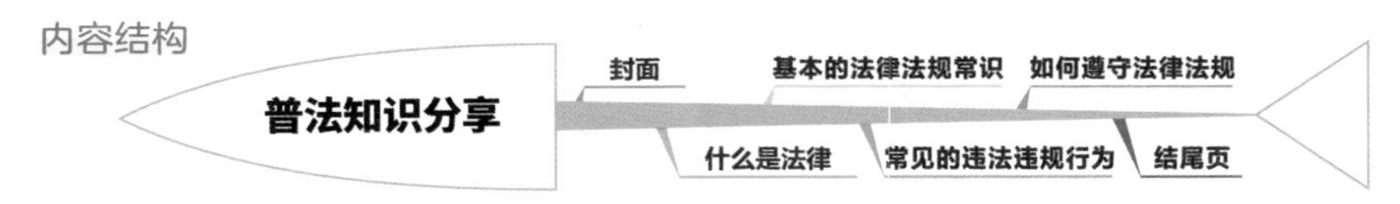

模板运用

运用美化模板时，注意替换班级、姓名和图片，并对文字介绍的内容做适当的修改。

第一页：封面

封面内容包含标题——“小学生普法知识”，以及班级和姓名。

第二页：什么是法律

“什么是法律”部分，介绍法律的定义和作用。这一页没有必须替换的内容，可根据实际需要修改或调整。

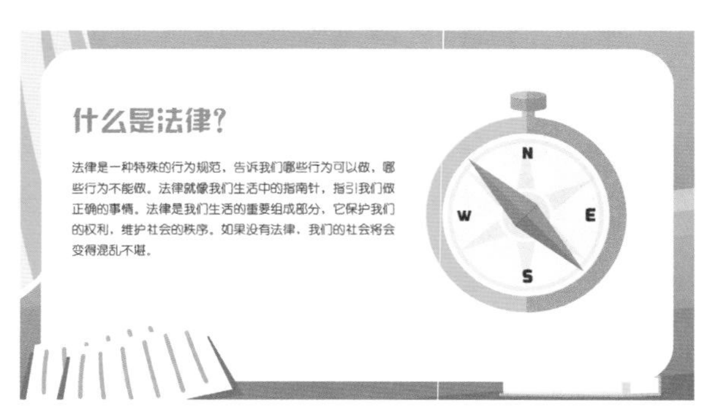

第三页：基本的法律法规常识

“基本的法律法规常识”部分，介绍最常见的行为规则，搭配相关插图。

第四页：常见的违法违规行为

“常见的违法违规行为”部分，列举四种小学生可能接触到的违法违规行为，搭配相关插图。

第五页：如何遵守法律法规

“如何遵守法律法规”部分，介绍小学生应该从哪些方面学习遵守法律法规，并号召大家一起做守法的好公民。

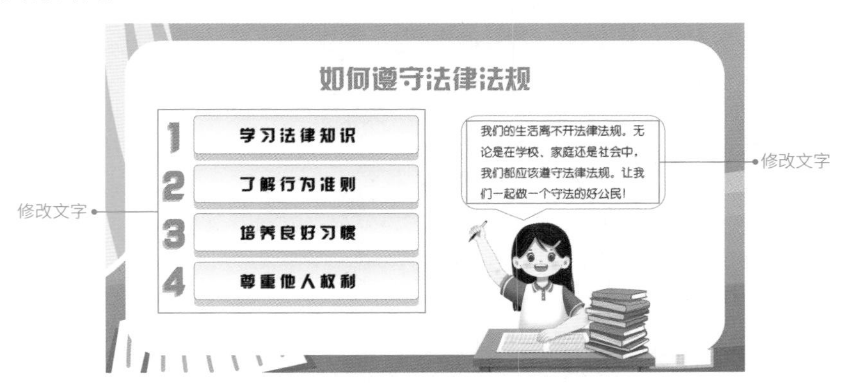

第六页：结尾页

结尾页呼吁大家“共同营造一个和谐、守法、美好的社会”，需要将班级和姓名再写一遍。

更多建议

除了模板中提到的内容，你还可以从以下几个方面进行优化。

1. 网络安全知识：随着互联网的普及，网络安全问题越来越受到关注。小学生应该了解如何保护自己的个人信息、如何辨别网络谣言和诈骗信息等。这些知识能够帮助他们避免网络风险，维护自身权益。

2. 自我保护知识：小学生应该了解如何保护自己的身体和财产安全，比如如何防范性侵犯、如何应对抢劫等。这些知识能够让他们在遇到危险时采取正确的应对措施，减少伤害的发生。

3. 社区生活法律知识：小学生应该了解社区生活中的法律法规，比如如何处理邻里纠纷、如何维护小区公共秩序等。这些知识能够帮助他们更好地融入社区生活，促进社区的和谐发展。

注意事项

不同性别的案例插图。第五页“如何遵守法律”部分，示例模板为女生插图，附赠的文件中另有男生插图可选。

70 交通安全知识分享

在分享交通安全知识时，可以从交通规则、交通标志、安全过马路等方面展开。学习交通安全知识，可以帮助孩子提高自我保护意识，保障自身安全。

内容结构

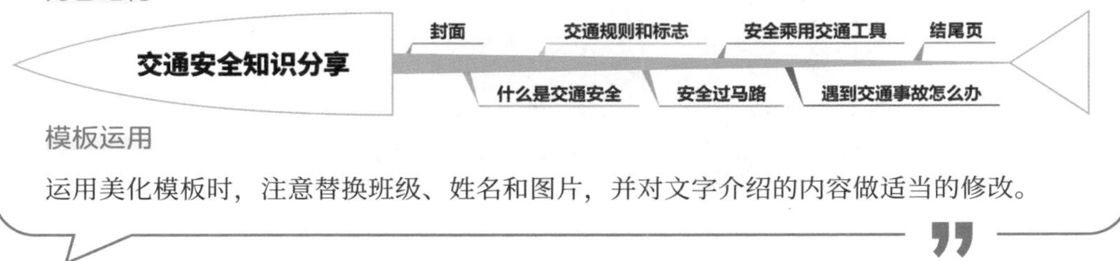

模板运用

运用美化模板时，注意替换班级、姓名和图片，并对文字介绍的内容做适当的修改。

第一页：封面

封面内容包含标题——“一起学交通安全知识”，以及班级和姓名。

第二页：什么是交通安全

“什么是交通安全”部分，介绍交通安全的概念和重要性。这一页没有必须替换的内容，可根据实际需要修改或调整。

第三页：交通规则和标志

“交通规则和标志”部分，介绍红绿灯的含义和使用规则。这一页没有必须替换的内容，可根据实际需要修改或调整。

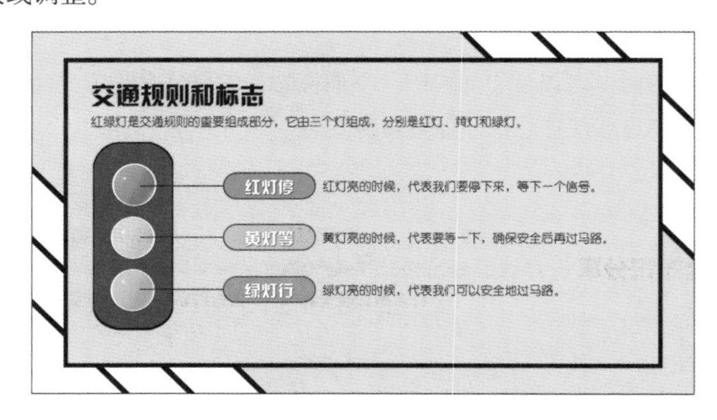

第四页：安全过马路

“安全过马路”部分，介绍过马路时的注意事项，搭配合适的插图更好理解。

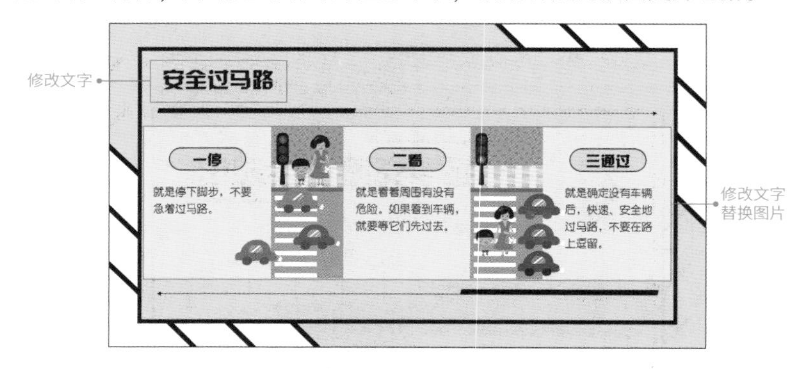

第五页：安全乘用交通工具

“安全乘用交通工具”部分，介绍在乘用交通工具时该怎样保护自己和他人的安全，搭配合适的图片。

第六页：遇到交通事故怎么办

“遇到交通事故怎么办”部分，介绍遇到交通事故该如何应对，记住必要的紧急电话。

第七页：结尾页

结尾页呼吁大家“一起做交通安全小卫士”，需要将班级和姓名再写一遍。

更多建议

除了模板中提到的内容，你还可以从以下几个方面进行优化。

1. 认识交通标志：介绍常见的交通标志，如禁令标志、警告标志、指示标志等，并解释它们的作用和意义。
2. 了解交通设施：介绍各种交通设施，如道路标志、交通标线、护栏、隔离带等的使用方法和作用。
3. 认识各种车辆的安全盲区：介绍各种车辆（如货车、公交车等）的安全盲区，让大家了解在这些区域内是非常危险的。

71

防触电安全知识分享

在分享防触电安全知识时，应结合孩子的认知特点和兴趣爱好，通过多种形式和内容的分享，切实提高孩子们的安全意识和自我保护能力。

内容结构

防触电安全知识分享

- 封面
- 触电是什么
- 如何预防触电（1）
- 如何预防触电（2）
- 触电急救常识
- 结尾页

模板运用

运用美化模板时，注意替换班级、姓名和图片，并对文字介绍的内容做适当的修改。

第一页：封面

封面内容包含标题——“小学生防触电安全知识”，以及班级和姓名。

第二页：触电是什么

“触电是什么”部分，介绍触电的概念和可能造成的伤害，以及可能导致触电的原因。

第三页：如何预防触电（1）

“如何预防触电（1）”部分，介绍几种可能导致触电的危险行为，搭配合适的图片。

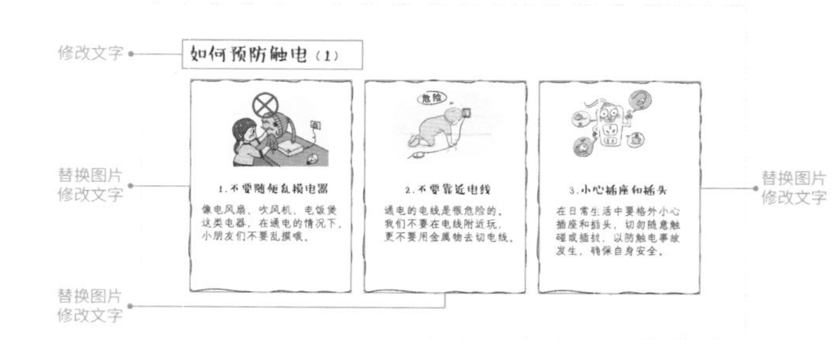

第四页：如何预防触电（2）

“如何预防触电（2）”部分，继续介绍几种可能导致触电的危险行为，搭配合适的图片。可根据预防措施的数量调整边框个数。

第五页：触电急救常识

“触电急救常识”部分，介绍触电后可采取的几种紧急措施，搭配合适的图片。

第六页：结尾页

结尾页倡导大家“保护自己，安全用电”，需要将班级和姓名再写一遍。

更多建议

除了模板中提到的内容，你还可以从以下几个方面进行优化。

1. 生活中的实例：分享一些发生在我们身边的触电事故案例，让大家意识到防触电的重要性。
2. 趣味互动：设计一些与防触电相关的趣味互动游戏，让学生们通过参与互动游戏巩固所学的知识。
3. 制作模拟场景：通过模拟触电的场景，让学生们进行角色扮演，亲身体验如何正确处理和预防触电情况。
4. 歌曲或儿歌：可以创作一些简单易懂的防触电儿歌，帮助学生们轻松记住防触电的要点。

72 防溺水安全知识分享

分享防溺水安全知识，可以让孩子们了解防溺水的重要性，提高自我保护能力，保障生命安全。

内容结构

防溺水安全知识分享
- 封面
- 什么是溺水
- 防溺水技巧
- 溺水时的自救
- 发现他人溺水怎么办
- 结尾页

模板运用

运用美化模板时，注意替换班级、姓名和图片，并对文字介绍的内容做适当的修改。

第一页：封面

封面内容包含标题——“小学生防溺水安全知识”，以及班级和姓名。

第二页：什么是溺水

“什么是溺水”部分，解释溺水的状态、感受，以及溺水的原因，引出“防溺水”话题。

第三页：防溺水技巧

“防溺水技巧”部分，列举几种小学生适用的防溺水小技巧，尤其是不要独自去水边。

第四页：溺水时的自救

“溺水时的自救”部分，介绍发生溺水时应该怎么做，如保持冷静、正确呼救等。

第五页：发现他人溺水怎么办

“发现他人溺水怎么办”部分，介绍看到有人溺水时该如何正确寻求帮助，不要盲目救人。

第六页：结尾页

结尾页告诉大家“保护自己，远离危险”，需要将班级和姓名再写一遍。

更多建议

除了模板中提到的内容，你还可以从以下几个方面进行优化。

1. 溺水的高危场所：池塘、河流、湖泊、水潭等，以及游泳池的深水区。
2. 溺水的症状：呼吸急促、面色青紫、心跳加快等。如果发现这些症状，应该立即寻求帮助。
3. 正确的游泳姿势：学习正确的游泳姿势可以帮助我们在游泳时保持身体平衡，降低溺水的风险。
4. 救生工具的使用：可以用救生圈、救生衣等，以及正确使用这些工具的方法。

73 地震自救知识分享

分享地震自救知识，可以让孩子们知道如何应对地震灾害，更好地保护自己的生命安全。

内容结构

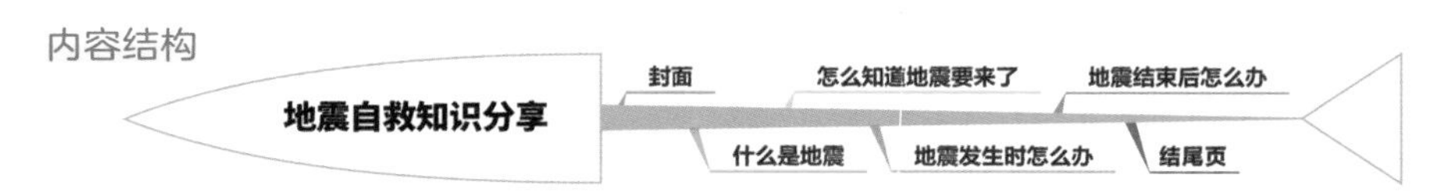

模板运用

运用美化模板时，注意替换班级、姓名和图片，并对文字介绍的内容做适当的修改。

第一页：封面

封面内容包含标题——“小学生地震自救知识”，以及班级和姓名。

修改班级、姓名

小学生
地震自救知识
三年级（2）班 小玩子

第二页：什么是地震

“什么是地震”部分，描述地震的表现，可以搭配地震造成的地面开裂、房屋倒塌的图片。这一页没有必须替换的内容，可根据实际需要修改或调整。

第三页：怎么知道地震要来了

“怎么知道地震要来了”部分，描述地震前可能出现的异常情况，搭配插画或照片。

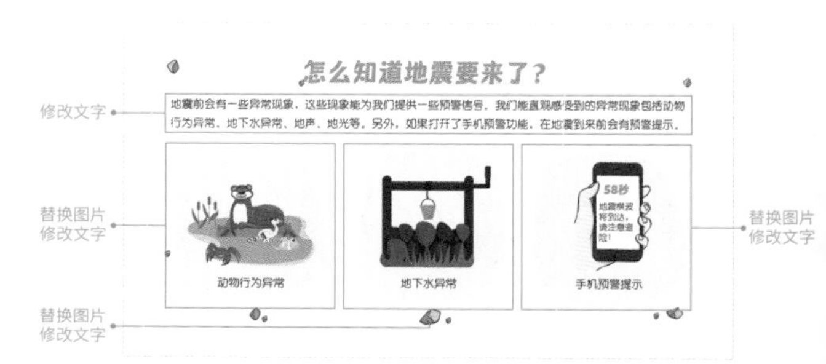

第四页：地震发生时怎么办

“地震发生时怎么办”部分，介绍发生地震时，我们应该在哪些地方躲避，搭配插画或实拍模拟照片。

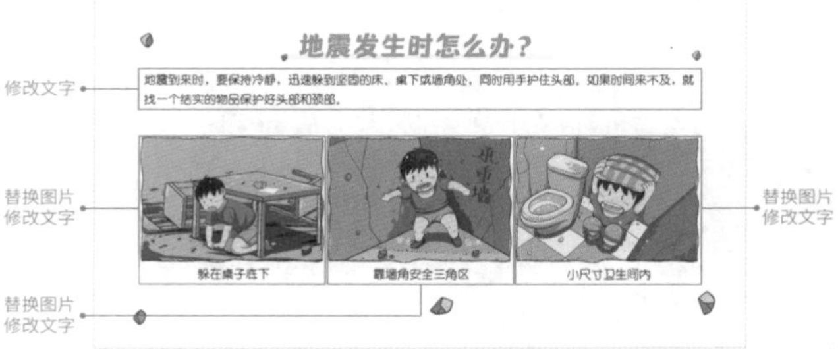

第五页：地震结束后怎么办

“地震结束后怎么办”部分，介绍地震结束后，该如何更好地保护自己和传递救援信号，搭配插画或实拍模拟照片。

第六页：结尾页

结尾页告诉大家“应急自救很重要，互帮互助不可少”，需要将班级和姓名再写一遍。

更多建议

除了模板中提到的内容，你还可以从以下几个方面进行优化。

1. 设计互动环节：设计一些简单的互动问题，让学生回答，例如：“如果地震时你正在家里，你应该怎么做？”这样可以增强大家的参与感和记忆。还可以设计一些小游戏，让大家通过游戏学习和巩固自救知识。

2. 讲述真实案例和故事：介绍一些真实的案例，讲述在地震中成功自救的故事，让孩子了解自救知识在实际中的应用。可以添加一些感人至深的救援故事，让孩子感受到团结互助的力量和人性的光辉。

消防安全知识分享

什么是消防安全？

嗨，小朋友！消防安全是指我们要非常小心地使用火和电，以防止火灾发生。火可以给我们带来温暖和光明，帮助我们做很多事情。但是，如果我们不小心，火也可能会变得很危险，甚至伤害我们和我们的家人，还会破坏我们的家园。所以，我们要知道怎么安全地使用火和电，也要知道如果发生火灾时该怎么做。

小学生如何预防火灾？

不玩火

不要玩火，不要乱丢火柴、打火机等易燃易爆物品。

不用大功率电器

不要在宿舍内使用电热毯、电暖气等电器，避免引发火灾。

不接触危险品

在学校实验室、计算机房等地方，要遵守安全规定，不要接触危险品。

不乱接插头

不要随意拉接电线、插头，避免造成电器短路，引发火灾。

如何正确使用灭火器？

1. 提起灭火器
2. 拔掉保险销

3. 对准火苗根部
4. 压下手柄，喷射灭火

小学生火灾自救常识

SOS 119

保持冷静

保持冷静，不要慌张。

迅速报警

尽快拨打火警电话119，向消防部门报告火灾情况，包括火灾发生的地点、火势大小等。

湿毛巾捂口鼻

在逃生过程中，用湿毛巾或湿布捂住口鼻，以减少吸入有毒烟雾。同时，尽量弯腰前行，因为烟雾通常往上飘。

利用逃生工具

如果楼层较高，无法直接逃生，可以利用逃生绳、缓降器等工具进行逃生。

小火苗，大危险，
不玩火，保平安！

三年级（2）班 小玩子

75 食品安全知识分享

小学生食品安全知识

三年级（2）班　小玩子

什么是食品安全？

食品安全是指食品及其加工、生产、储存、销售等过程中符合安全要求，不会对人体健康造成危害。食品安全关系到我们的身体健康和生命安全，需要引起我们的高度重视。

小学生容易遇到的食品安全问题

不安全食品

过期、变质及伪劣食品等不安全食品。

不正规商家

在小摊小贩处购买食品，没有安全保障。

储存不当

食品储存不当，导致食品变质或受到污染。

小学生如何确保食品安全？

1. 购买食品时要注意检查生产日期、保质期等信息。
2. 在小摊小贩处购买食品时，要注意选择干净卫生的摊位和食品。
3. 不要购买无商标、无生产厂家、无保质期的食品。
4. 储存食品时，要分类放置，避免交叉污染和过期。
5. 加工食品时，要保持卫生，做到生熟分开，避免交叉污染。
6. 养成良好的饮食习惯，多吃蔬菜和水果，少吃零食和油炸食品。

小学生食品安全自救常识

1. 如果出现恶心、呕吐、腹痛、腹泻等症状，要及时就医。
2. 如果发现食品有异味、变质等情况，要停止食用并妥善处理。
3. 如果购买了不安全食品，要向相关部门投诉举报。
4. 如果遇到食品安全问题，要及时向老师或家长报告。

总结

掌握一些基本的食品安全知识非常重要，可以更好地保护自己和他人的健康。希望同学们能够认真学习食品安全知识，养成良好的饮食习惯和生活方式。

三年级（2）班　小玩子

76 校园安全知识分享

校园安全的重要性

嗨，大家好，我是小玩子！今天想和大家聊一聊关于校园安全的事情。

校园，就是我们每天学习的地方，也是成长、交流和建立友谊的重要场所。这里充满了我们的欢声笑语，是我们快乐成长的小天地。但是，如果校园里不安全，那我们的快乐就会打折扣。那么，怎么做才能让校园更安全呢？

校园安全常识

课间活动安全

不在教室中追逐打闹，
使用体育器材时遵守规定

上下楼梯安全

轻声慢步靠右行，
不拥挤，不推搡

饮食卫生安全

不买三无食品，
不喝生水，不吃不卫生食品

紧急情况下的应对措施

火灾逃生

保持冷静，湿毛巾捂住口鼻，
沿着安全通道有序撤离

地震避险

迅速躲到课桌下或墙角，
等待震动停止后有序撤离

突发疾病或受伤

及时告知老师或同学，
拨打120或寻求校医帮助

校园安全小提示

随身携带校园卡，方便老师辨认

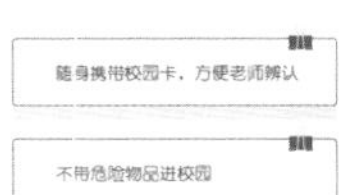

不带危险物品进校园

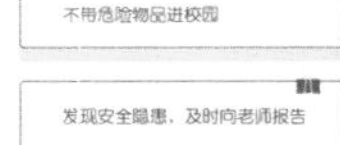

发现安全隐患，及时向老师报告

77 心理健康知识分享

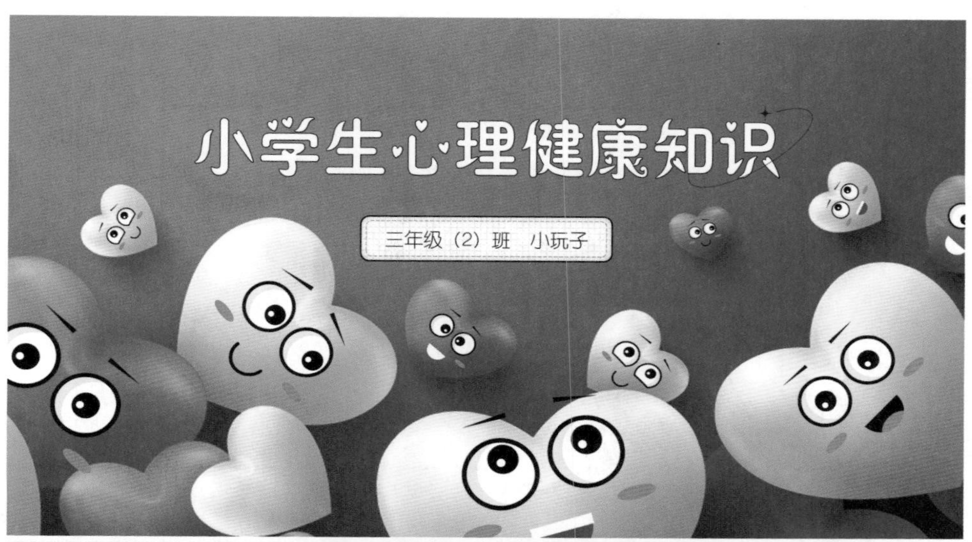

小学生心理健康知识
三年级（2）班　小玩子

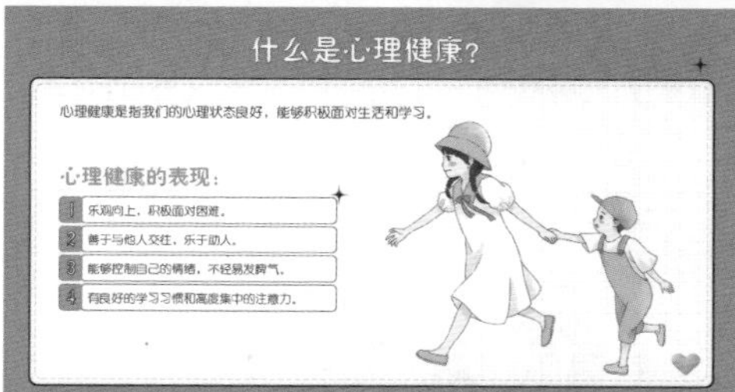

什么是心理健康？
心理健康是指我们的心理状态良好，能够积极面对生活和学习。
心理健康的表现：
1 乐观向上，积极面对困难。
2 善于与他人交往，乐于助人。
3 能够控制自己的情绪，不轻易发脾气。
4 有良好的学习习惯和高度集中的注意力。

如何保持心理健康？
分享心情
多与家人、朋友交流，分享自己的心情。
充足睡眠
学会合理安排时间，保持充足的休息和睡眠。
课外活动
积极参加各种有益身心的活动，如运动、绘画、音乐等。
寻求帮助
遇到困难时，学会寻求帮助，不要独自承受。

常见的心理问题及应对
焦虑
当感到焦虑不安时，可以尝试深呼吸、放松身体。
孤独
多参加集体活动，主动与同学交朋友。
自卑
认识到每个人都有自己的优点，学会欣赏自己。
暴躁
学会换位思考，理解他人的感受，控制自己的情绪。

如何寻求帮助？
当我们遇到无法解决的问题时，不要害怕向他人求助。可以向家长、老师或心理辅导员寻求帮助。他们会给予我们关心和支持，帮助我们走出困境。

守护心灵，快乐成长！
三年级（2）班　小玩子

78 社会治安知识分享

什么是社会治安？

方方面面的稳定和安全

社会治安是指社会秩序的稳定和安宁，包括人身安全、财产安全、交通安全、消防安全等方面。

社会治安与我们的日常生活息息相关，保障社会治安需要我们每个人的共同努力。良好的社会治安能让我们生活得更安心、更快乐。

小学生容易遇到哪些社会治安问题？

1. **欺凌和暴力**：在学校或社区中，有可能会发生欺凌或实施暴力行为。
2. **盗窃和抢劫**：不法分子可能会盗窃小学生的财物或进行抢劫，对小学生的生命和财产造成威胁。
3. **网络风险**：网络世界存在很多风险，如网络诈骗、网络传销等，小学生需要学会正确使用网络。
4. **交通事故**：小学生需要遵守交通规则，避免发生交通事故。

遇到危险怎么办？

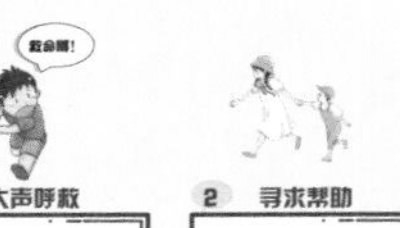

1. **大声呼救**：遇到坏人时，要大声呼救并跑向人多的地方。
2. **寻求帮助**：立即向身边的成年人、老师、家长或警察求助。
3. **拨打紧急电话**：记住家长的联系方式和家庭地址，学会拨打紧急电话。

网络安全也很重要

1. 不随便告诉网友自己的真实姓名和地址。
2. 不登录不良网站，不看不良视频。
3. 不轻信网络上的信息，谨防AI换脸视频诈骗。
4. 在家长的陪同下使用网络。

79 小学生日常行为规范分享

礼仪篇

尊敬师长

见到老师主动问好，上课举手回答问题。

友爱同学

与同学友好相处，不欺负他人，互相帮助。

1. 你好！
2. 对不起。
3. 谢谢！
4. 请让一下。
5. 老师好！
6. 请问有什么事？

文明用语

使用礼貌用语，不说脏话，不嘲笑他人。

学习篇

认真听讲

上课时专心听讲，不随意插话，不做小动作。

勤奋学习

按时完成作业，不抄袭，不偷懒，努力提高自己的学习成绩。

热爱阅读

多读书，读好书，丰富自己的知识，开拓视野。

品德篇

讲究卫生

讲究个人卫生，每天保持自己的桌面、书包整洁，不乱扔垃圾。

爱护公物

不随意损坏公共设施，爱护公物，节约水电。

参与劳动

积极参加学校组织的各项劳动，为校园美化贡献力量。

安全篇

遵守交通规则

过马路要走人行横道，注意看红绿灯，不横穿马路。

注意饮食安全

选择健康食品，注意食物的新鲜度，正确存储食品，饭前便后要洗手。

防范意外

不私自下河游泳，不玩火，不玩危险物品，遇到危险及时求救。

小学生文明礼仪规范分享

学校礼仪
友善待人
与同学友好相处，互相帮助，
不欺负弱小，不歧视他人。
尊敬师长
听从老师的教导和安排，
不顶撞、不冒犯老师。
遵守纪律
不迟到早退，不在课堂上
随意讲话、打闹。
家庭礼仪
孝敬老人
多陪伴和关心老人，帮他
们做些力所能及的小事。
尊重长辈
听从父母的教导和安排。
讲究卫生
保持个人卫生和公共
卫生，不乱扔垃圾。
争做文明小使者
三年级（2）班　小玩子

AI 篇

第8章

3分钟，让AI替你做独一无二的PPT

81 好用的AI工具有哪些？

在2023年初ChatGPT爆火之后，你可能已经接触或听说过一些AI工具，你是否很感兴趣呢？这里介绍多款上手简单且对PPT制作很有帮助的AI工具。大家对AI工具有了初步的认识后，再详细了解每个工具的具体用法。掌握了它们，3分钟做完一份PPT不是空话！

图文生成

百度公司推出的文心大模型——“文心一言”和“文心一格”都非常好用。

◎ 文心一言 文心一言

文案生成工具推荐“文心一言”。“文心一言”是百度公司推出的大语言模型，它不仅可以回答各种各样的问题，还可以帮助我们创作，如写PPT提纲等。当我们有疑问或者需要帮助的时候，就可以找“文心一言”“聊天”，它会以最快的速度给出答案或者建议。

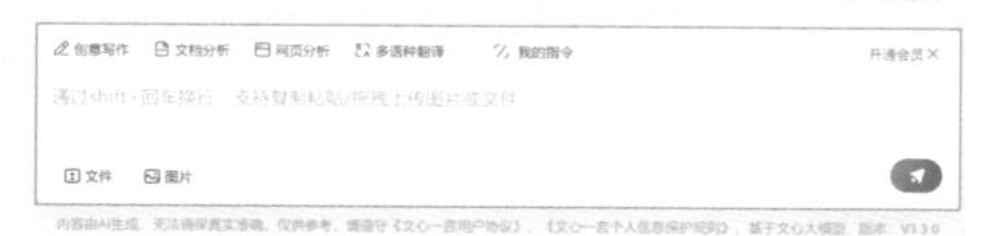

◎ 文心一格 文心一格

图片生成和处理工具推荐“文心一格”。使用“文心一格”进行AI创作和编辑图片简单、好上手，图片风格也很符合国内的使用场景。

排版美化

市面上的排版工具有很多，推荐AiPPT、Mindshow和ChatPPT。

◎ AiPPT AiPPT

AiPPT是一款由AI驱动的PPT在线生成工具。用户只需要输入PPT的主题，它就能智能分析主题内容，并快速生成符合需求的PPT。

◎ Mindshow MINDSHOW | 上海所思所见科技有限公司

Mindshow是一个很棒的AI工具，我们只需要告诉它我们的想法，它就能帮助我们快速做出好看的PPT。

◎ ChatPPT ChatPPT

ChatPPT分为网页版和插件版。其中，插件版能够安装到PPT软件中，使用非常方便。安装了ChatPPT插件的PPT软件，不仅能生成PPT文档，还能快速换色、换字体，生成图片和音视频等，功能相当强大。

有AI功能的软件

除了前面讲到的AI工具，还有一些常用的计算机软件或手机App也新增了强大的AI功能。例如，Photoshop的一键抠图和内容识别填充功能、醒图App的消除功能等，都能为我们制作PPT提供帮助。

当然，还有很多本书中没有提到的AI工具，未来还会有新的AI工具诞生，都值得探索和使用，它们能帮我们节约时间、提高效率。

82 怎样让“文心一言”生成你想要的内容？

“文心一言”就像一位贴心的小助手，不仅能够生成丰富的文字内容，还能轻松生成图片和图表，为我们制作PPT提供帮助。掌握一些小技巧，用起来会更加得心应手。

用“文心一言”生成文案

我们在对话框中输入的文字叫作“指令词”。一条恰当的指令词，能够准确引导文心大模型理解并回答我们的问题。

◎ 避免提出不恰当的指令词

要求不具体，生成的文案就可能会“跑题”。

例如，下面这几条都是不恰当的指令词。

写一篇自我介绍。

帮我写一首古诗。

给我讲一个英文故事。

写一篇自我介绍

大家好，我叫李明，今年25岁，来自美丽的海滨城市青岛。我拥有计算机科学专业的学士学位，目前正在一家知名互联网公司担任软件工程师。

自小，我就对计算机和编程充满浓厚的兴趣。在学习计算机科学的过程中，我逐渐掌握了多种编程语言，如Java、Python和C++，并且深入学习了数据结构和算法、数据库管理、软件工程等方面的知识。这些经历不仅锻炼了我的逻辑思维能力，也培养了我解决问题的能力。

在工作中，我主要负责软件项目的开发和维护工作。我善于与团队成员沟通协作，共同解决问题。同时，我也注重自我提升，经常利用业余时间学习新技术，以保持与行业的同步发展。

除了工作和学习，我还热爱运动，尤其喜欢篮球和游泳。这些运动不仅让我保持了良好的身体素质，也让我学会了如何在团队中发挥作用，提升了自己的团队合作精神。

总的来说，我是一个积极进取、热爱学习的人。我善于将理论知识与实际操作相结合，具备扎实的专业技能和良好的团队协作能力。在未来的工作中，我将继续努力，不断提升自己的专业技能和综合素质，为公司的发展贡献自己的力量。

谢谢大家！

◎ 提出恰当的指令词

要求明确、具体，生成的文案就会更符合我们的需求。

例如，下面这几条都是恰当的指令词。

请替我写一份自我介绍：我是一名小学三年级的女生，喜欢扎马尾辫，语文成绩最好，喜爱画画和手工，请帮我列出 PPT 格式大纲。

请以小学生的身份帮我写一首小诗，描述夏日海滩美景和欢乐氛围，要简单易懂。

请告诉我成语“狐假虎威”的含义，并举例说明它在日常生活中的运用。

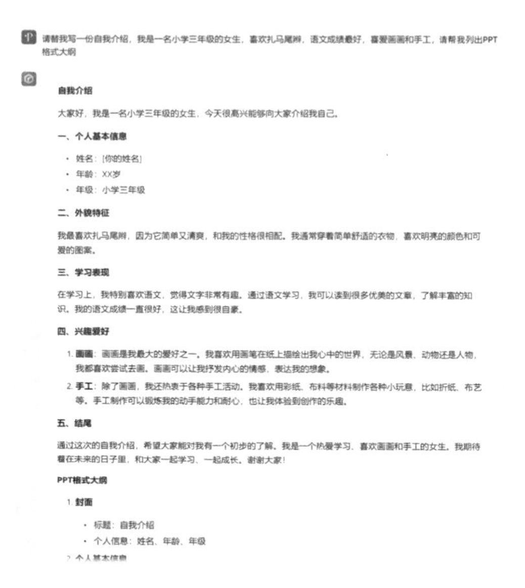

用“文心一言”优化文案

如果对生成的内容不太满意，我们可以重新生成或者修改部分内容。

重新生成

单击对话框下方的“重新生成”，就可以得到一份新的文案了。这个操作可以重复多次。

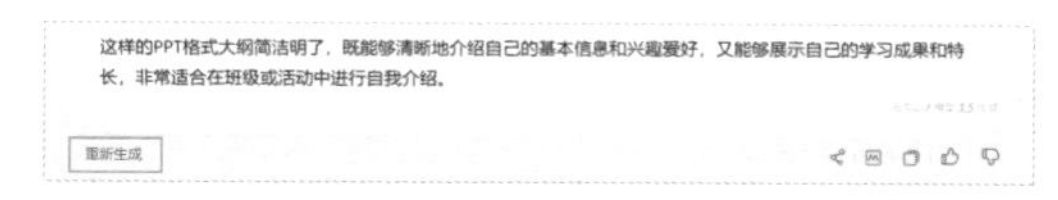

修改部分内容

文字生成后，“你可以继续问我”板块会随机给出三个修改提示，如果有符合你要求的，可以直接选择，如选择“请你加入一些我的学习情况”。当然，也可以直接在对话框中补充修改要求，如“请把第三页的学习表现写得更具体一点”。

提供仿写示例

如果对直接生成的文案不满意，可以给出一些符合我们期望的素材或者风格参考，再生成的文案就会更接近我们的期望了。参考句式“（例句）（Shift+回车键换行）请模仿上面这句话的……写……”。

例如：

学如逆水行舟，不进则退。

请模仿上面这句话的句式，写 10 条学习口号。

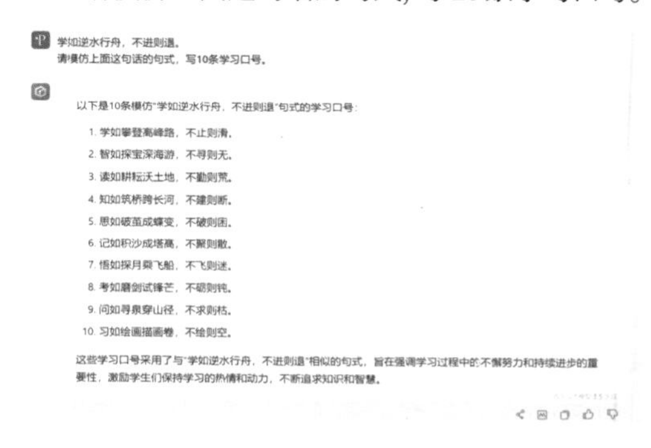

用“文心一言”生成图片

和生成文案的方法类似，直接在对话框中输入生图要求。参考句式“请帮我画一张……的图，有……，……风格”。

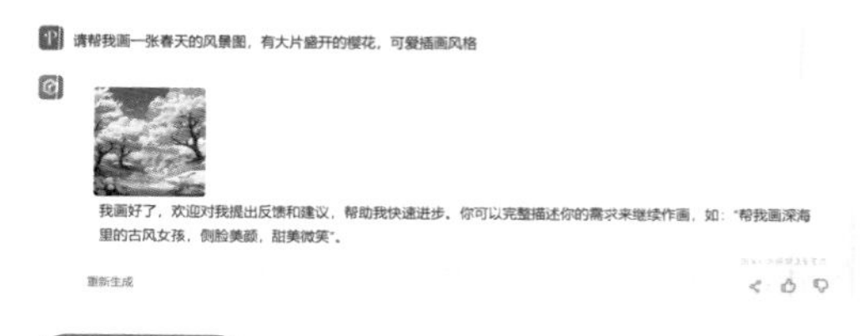

提示

这种聊天式的指令，在其他 AI 工具中也经常用到，方法是相似的。学会了“文心一言”的用法，其他工具也能更快上手哦！

83

怎样用AiPPT生成好看的版面

能够生成 PPT 的 AI 工具有很多，使用方法大同小异。本节选取一个较具代表性的 AI 网站——AiPPT 演示操作方法。

AiPPT 生成 PPT

只要在 AiPPT 网站中输入主题，就能一键生成 PPT。下面以制作一份小学生环保主题的 PPT 为例进行介绍。

01 打开 AiPPT 网站，单击“开始智能生成”按钮。

02 选择“AI 智能生成”，输入 PPT 主题“小学生环保在行动”，按回车键。

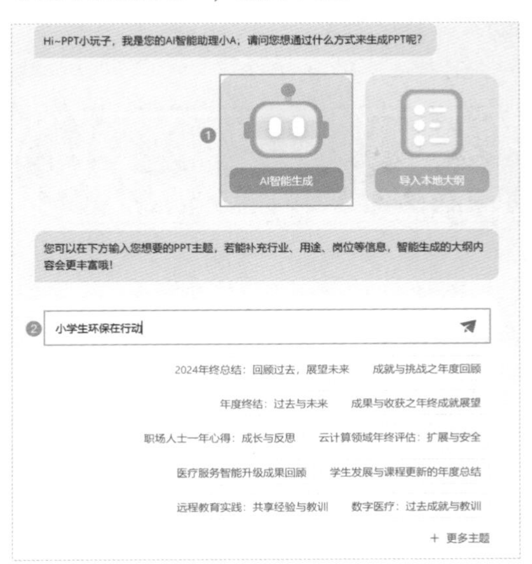

03 等待 PPT 大纲生成，单击“挑选 PPT 模板”。

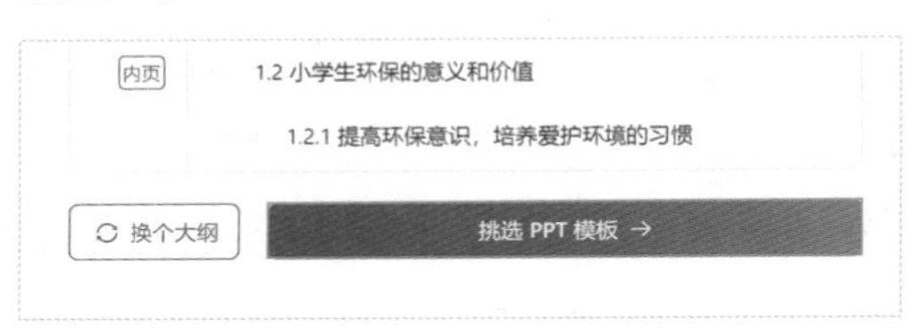

04 选择合适的模板，筛选合适的主题颜色和设计风格，再单击右上角的“生成 PPT”按钮。

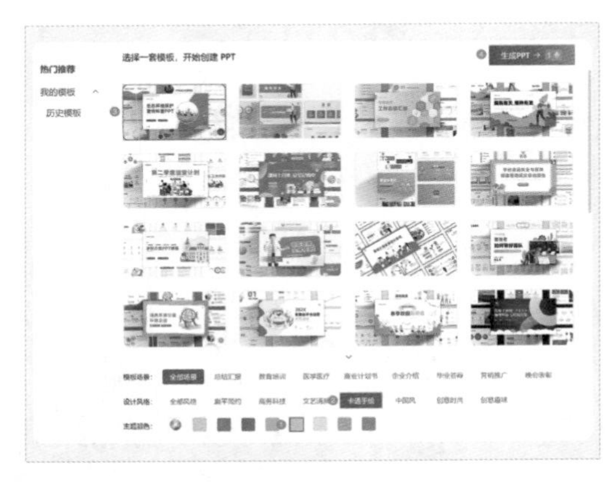

05 等待 PPT 自动生成后，单击“去编辑”按钮。

AiPPT 编辑 PPT

进入编辑页面，可以浏览不同的PPT页面，修改文字和图片等。

例如，需要替换一张图片。

01 选中这张图，单击弹出的“替换”按钮。

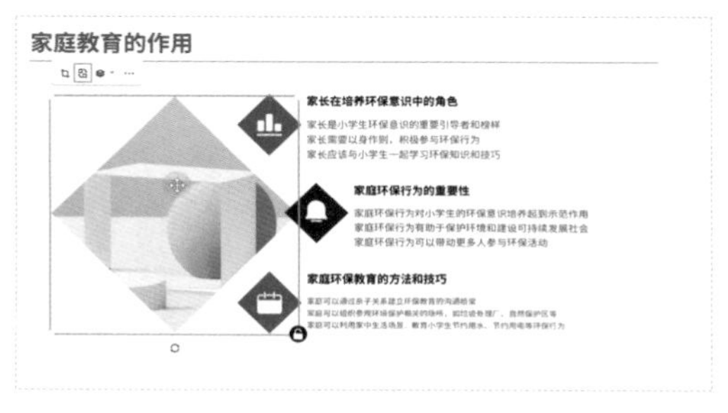

02 从计算机中找到想要替换的图片，双击打开。

03 替换完成。

04 PPT内容全部修改完成后，单击右上方的“下载”按钮，确认文件类型无误后，再单击下方的“下载”按钮，即可将修改好的PPT保存到计算机。

84 怎样结合“文心一言”使用Mindshow

许多AI模式的PPT工具除了自动生成，还支持导入外部文稿，如自己写的或者“文心一言”生成的文字内容。本节以Mindshow网站为例，演示如何自动生成和导入外部文稿。

生成和导入文字大纲

虽然Mindshow、AiPPT等AI排版工具都能直接生成文案，但其功能更偏重于PPT版面设计，而“文心一言”在生成文字内容方面更具优势。因此，可以先用“文心一言”生成文字内容，再导入 Mindshow 进行版面设计。这样能让文案的质量和视觉效果都达到最佳。

◎ 用“文心一言”生成文字大纲

01 用“文心一言”生成一份 PPT 文字大纲（截图为不完整预览）。

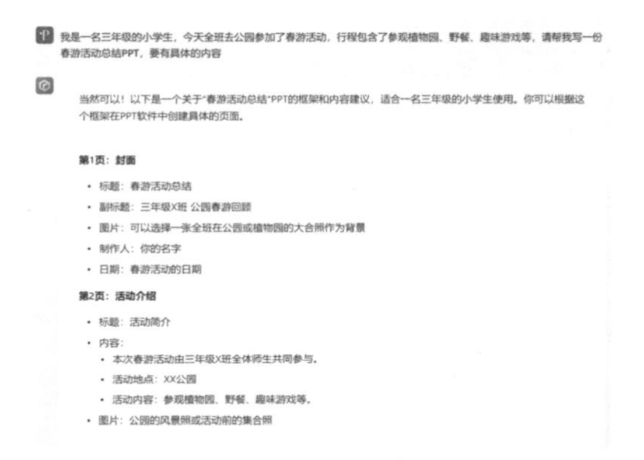

02 单击右下角的“复制”图标，将文字复制到剪贴板。

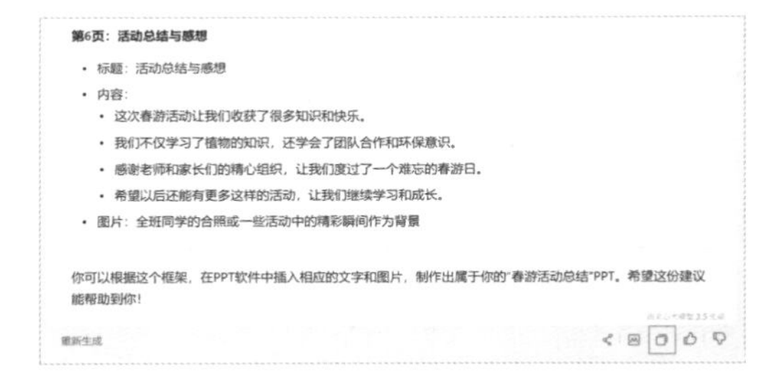

◎ 导入 Mindshow 并生成 PPT

01 打开 Mindshow 网站，单击“导入”按钮。

02 在“导入生成 PPT”页面中单击“文本 AI 转换（6000 字）”按钮，在左侧文本框中按快捷键“Ctrl+V”，粘贴文字，单击“导入创建”按钮。

Mindshow 美化、修改和保存 PPT

待 Mindshow 完成创建 PPT 后，美化排版并优化图文内容。

◎ 用 Mindshow 美化排版

待 Mindshow 完成创建 PPT 后，系统会自动跳转到 PPT 美化编辑页面。

在右侧搜索框中输入关键词，如“春天”，按 Enter 键进行搜索。从搜索结果中选中想要的主题，单击下一项按钮查看下一页预览效果。

◎ Mindshow 编辑文字

在左侧的图文区域，可以根据自己的需求修改文字，就像在 Word 里编辑文字一样简单。

如果需要添加图片，单击文字左侧的加号按钮⊕，选择“添加图片”。

单击“上传图片”按钮，从计算机中找到想要的图片，双击图片，即可上传图片。

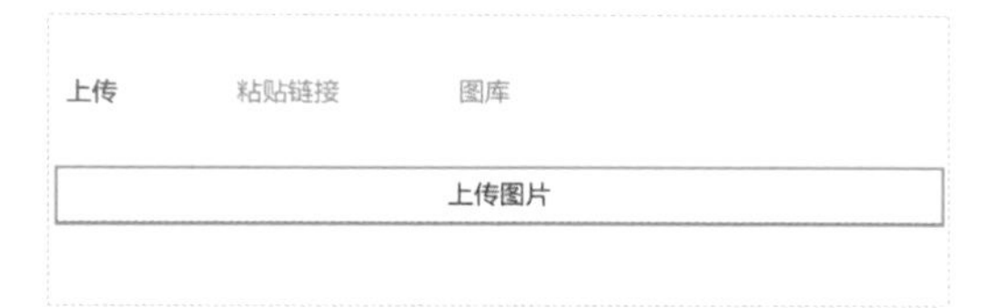

如需更改图片，将鼠标指针移动到图片上，单击右上角浮现的替换图标，重复上传步骤即可。

◎ 下载和保存文件

全部修改完毕，点右上角的“下载”按钮。

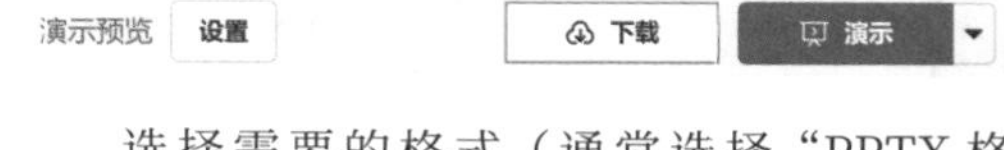

选择需要的格式（通常选择“PPTX 格式”），下载保存即可。保存到计算机后，还可以在 PowerPoint 软件中继续编辑。

PDF格式
PPTX格式
PPTX格式(动画)

85 怎样安装Chat PPT插件

Chat PPT 是一款相对成熟的用于生成 PPT 的 AI 工具，既可以在线使用网页版，也能下载插件，安装到 PPT 软件内使用。

网页版（无须安装）

网页版 Chat PPT 无须安装，打开网站首页即可使用。

直接在输入框中输入 PPT 主题（如“帮我写一份关于中秋节的 PPT”），按 Enter 键或单击输入框右侧的图标。

进入编辑页面，在右侧会话窗口中与 Chat PPT 对话即可。具体操作参考《86 怎样用 Chat PPT 生成 PPT》。

插件版安装方法

相比网页版，插件版是内置于 PPT 软件中的，打开 PPT 就能用，插件版更方便、稳定。

01 在 Chat PPT 网站首页单击“下载插件安装包”按钮。

02 下载完成后，根据下载路径找到后缀名为“.exe”的安装包，双击运行。

03 勾选“已阅读并接受用户使用协议和隐私策略”，单击“立即安装”按钮。

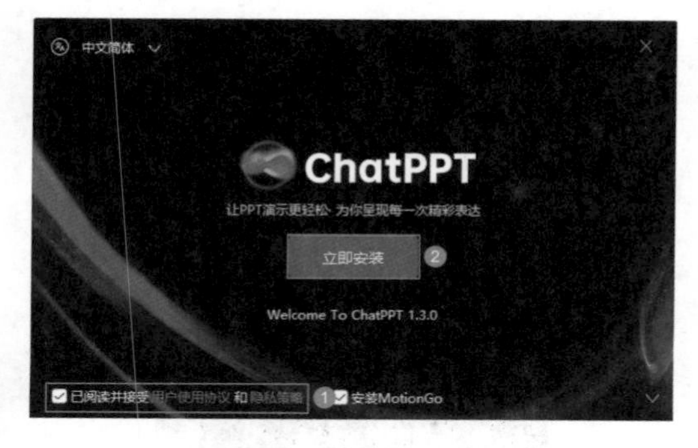

04 安装完成后，单击“立即打开”按钮。

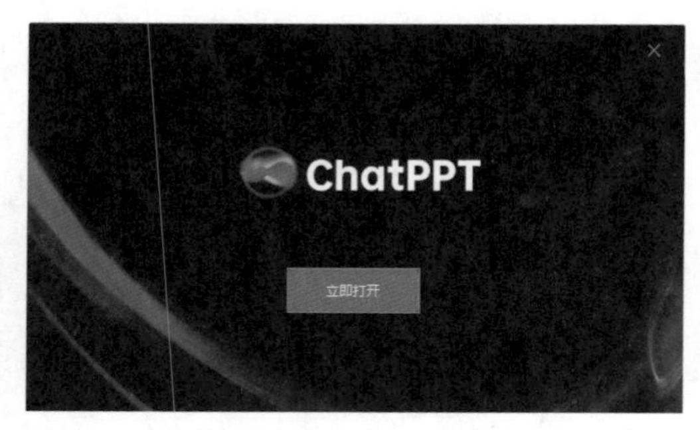

05 PPT 软件顶部会多出一项“Chat PPT”。

06 单击选项卡中的“Chat PPT”，PPT 编辑区右侧就会出现 Chat PPT 的对话窗口。这样就安装成功了。

86 怎样用Chat PPT生成PPT

和 Chat PPT 对话，就能生成你想要的 PPT，像微信聊天一样简单。

生成 PPT 模板

下面以生成一份中秋节介绍 PPT 为例讲解用 Chat PPT 生成 PPT 的操作方法。

打开 Chat PPT 对话窗口，在输入框中输入想要生成的 PPT 主题——“写一份小学生用的中秋节介绍”，按回车键发送消息。

Chat PPT 回复了 3 个标题。如果有令人满意的，直接选中标题，单击“确认”按钮。

如果 3 个标题都不令人满意，可单击“AI 重新生成”按钮，让 AI 再创作 3 个新的标题。

PPT 内容丰富度建议选择“普通”，幼儿和小学生用的 PPT 不需要太复杂。

内容大纲如果符合预期，直接单击“使用”按钮。

如果有些部分不符合预期，可直接修改文字。

另外，单击右侧的“添加”按钮 + 可增加一个章节，单击“删除”按钮 🗑 可删掉选中的章节。

从 AI 生成的主题风格中选一个令人满意的模板，单击“使用”按钮。

图片 / 图标等的生成模式建议选择“高质量”，让 AI 实时绘制与文字内容相匹配的图。

稍等片刻，就能得到一份如下图所示的 PPT 了。

补充细节选项

PPT 生成后，Chat PPT 会继续跟你聊一些细节，如询问是否需要演讲备注等。根据自己的演讲习惯选择即可。

是否需要演示动画也是一样的。

切换新主题

做完以上选择后，Chat PPT 会询问你“生成内容是否满意”，并给出新的风格建议。如果喜欢新主题风格，直接选中，再单击“使用”按钮即可。例如，选择使用第一个主题风格，会得到如下图所示的 PPT 样式。

当然，AI 一次性生成的内容不会尽善尽美，需要不断修改和完善。

87

怎样用Chat PPT快速修改PPT

用 Chat PPT 修改 PPT 同样采用的是对话形式，记住几个简单的对话句式就可以了。

常用指令

做 PPT 经常需要对模板、字体和主题色等进行设置。

更换模板

指令句式为“帮我换一个 ×× 风模板”，或者更简单一点“改成 ×× 风”。例如，这份 PPT 想改成中国风。

直接发送“改成中国风”指令，AI 就会生成多个偏中国风的主题供你选择。任意选择一个自己喜欢的主题，单击“使用”按钮，新的 PPT 就生成好了。

提示

生成的主题中可能不是每个都符合“中国风”的要求，择优选用就好。如果都不令人满意，可以让 AI 重新生成。

设置字体

设置全文字体指令句式为“全文替换字体为 ××”。例如，这份 PPT 的标题和正文选用了不同的字体，现在想全部改成微软雅黑。

发送“全文替换字体为微软雅黑”指令。

全文替换字体为微软雅黑

设置成功

整个 PPT 的字体就全部修改好了。

也可以单独修改某一部分文字的字体属性。例如，发送“标题字体全部加粗”指令，这个 PPT 每一页的标题字体就全部加粗了，而正文字体不会改变。

标题字体全部加粗

设置成功

提示

系统自带的微软雅黑、宋体、黑体等都可以设置成功，用户自己安装的其他字体系统有可能不支持哦！关于用户安装的字体如何快速替换，会在《98 怎样快速为 PPT 更换字体和配色》中讲到。

◎ 更改主题色

更改主题色指令句式为“主题色改为××”。例如，想更改这个PPT的主题色为蓝色。

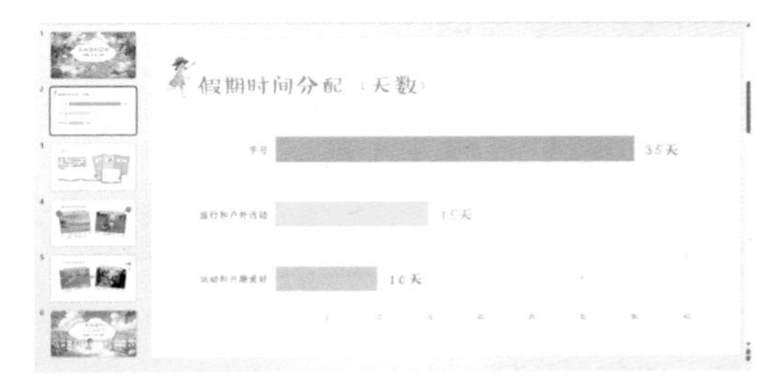

发送“主题色改为蓝色”指令，选择任意主题色选项，单击“使用”按钮。

主题色改为蓝色

参照你的内容为你设计如下主题色风格，可以进行选择确认：

AI重新生成　②使用

等 AI 处理完成后，整个 PPT 的配色就全部更改好了。

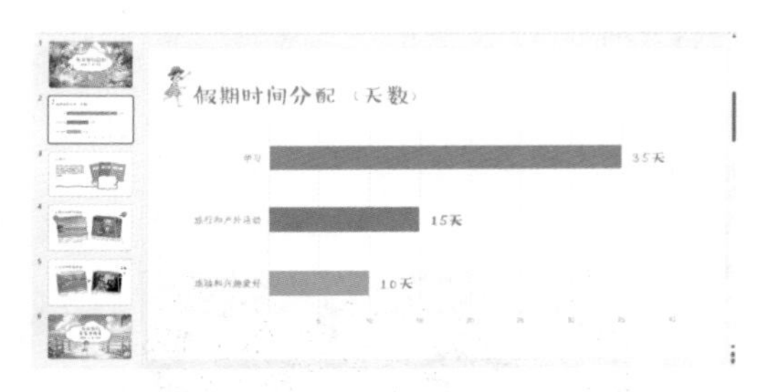

◎ 更改排版

更改排版是仅针对当前页面进行的，指令句为“帮我美化一下这个页面”。例如，要给下面这页 PPT 换个版式。

发送“帮我美化一下这个页面”指令，选择任意美化预览页面，单击“使用”按钮，即可生成想要的页面效果。

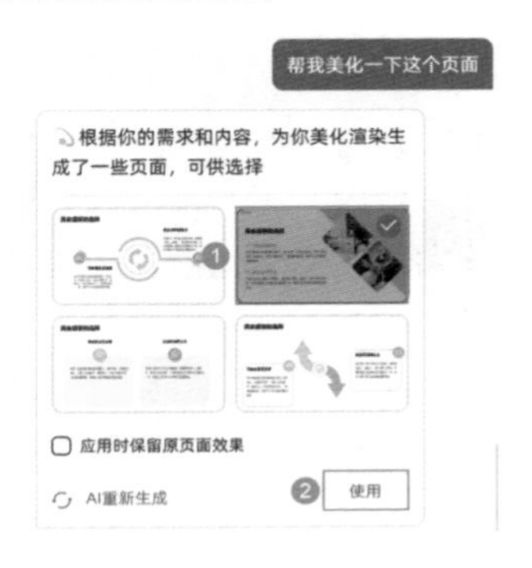

指令提示

当你记不清该用什么对话指令时，不妨看看这些提示。

◎ 常用指令

在输入框中单击，就会弹出“入门宝箱”窗口，这里提示了许多常用指令。

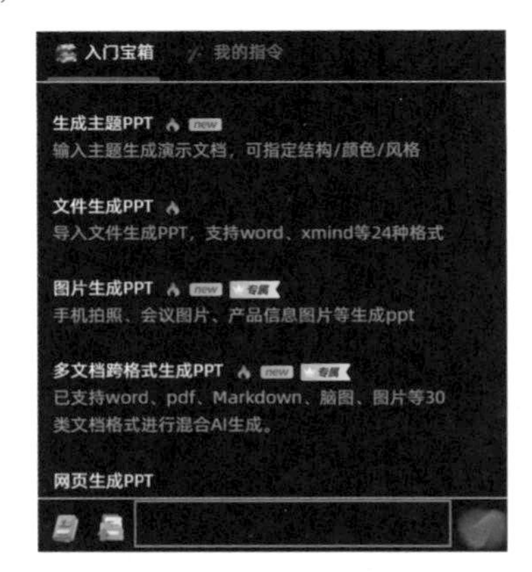

需要用到哪个指令，直接单击即可。

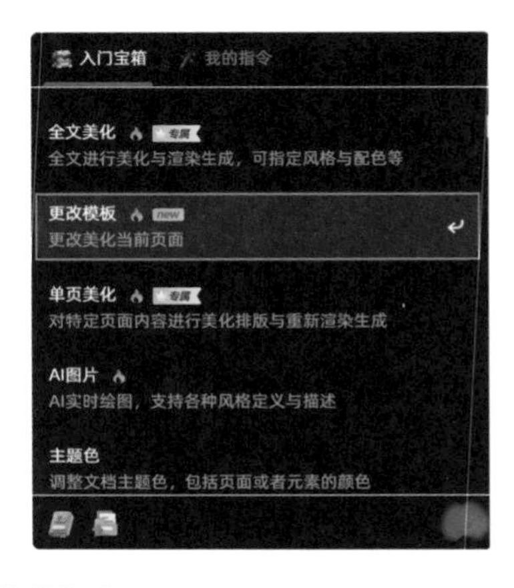

◎ 收藏指令

可以将常用的指令收藏起来。将鼠标指针移动到发送过的对话文字上，会出现收藏指令按钮。单击这个按钮，这个指令就会被收藏到“我的指令”中。

标题字体全部加粗

提示

以上提到的指令还有很多其他的表达方式，可以按照自己的语言习惯跟 Chat PPT 对话，探索更多的惊喜功能。

88 怎样用Chat PPT生成图片和词云

学到这一节，相信聪明的你已经知道要怎么操作啦！没错，还是通过对话进行操作。

生成图片

如果你的 PPT 缺少配图素材，用 Chat PPT 直接生成，可实时插入，非常方便。

◎ 插入新图片

例如，介绍古诗《望庐山瀑布》的 PPT 缺少一张有关瀑布的图片。

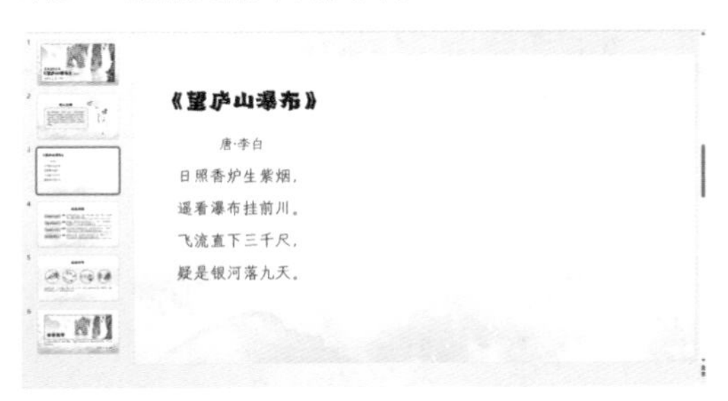

直接发送“插入一张瀑布的图片”指令。虽然生成了瀑布图片，但这张图与 PPT 的整体风格不符。

这时，需要调整一下“话术”，将指令词修改为“插入一张瀑布的水墨画”。加上了“水墨画”这个绘画风格的限制，生成的效果就好多了。

将生成的图片拖曳进 PPT 看看效果，虽然能用但不是最佳的效果，还可以再改进一下。

◎ 替换现有图片

选中 PPT 里插入的这张图片，发送“这张图换一下”指令，让 Chat PPT 修改。

经过几次尝试，最终选用如下图所示的这张图片，图中既体现了日照，又体现了高挂的瀑布，图片颜色也更古朴，更贴合 PPT 的整体风格。

提示

生成图片不要急于求成，多次尝试才能体会“抽卡”的快乐。

生成词云

Chat PPT 可以生成指定要求的词云（包括文字云和图标云），以增强排版的趣味性。

下面介绍生成文字云的方法。

01 任意输入几组文字，发送“生成文字云”指令，单击“当前内容”按钮。

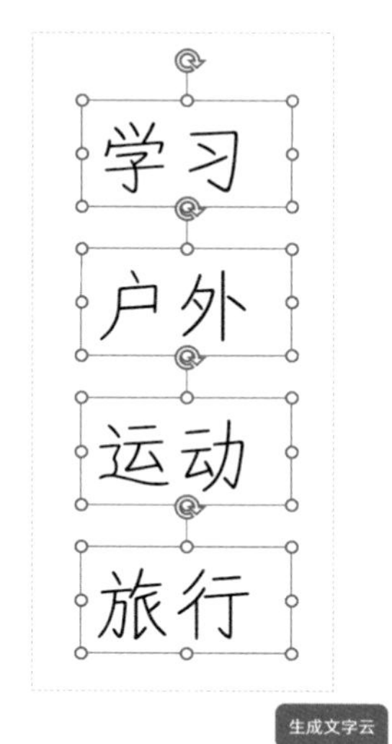

请问你是想基于当前内容生成云图，还是其他内容呢？其他内容请直接输入发送

不同词语可用;号隔开

当前内容

02 待图片生成后，单击“使用”按钮即可。

可采用与生成文字云相同的方法生成图标云，如下图所示。

89 怎样用Chat PPT插入和转换图表

不会做图表的问题，现在也可以交给 Chat PPT 解决了。常见的柱状图、饼图，Chat PPT 都可以做出来，还能将表格改成图表形式。

插入图表

常用的图表就是柱状图和饼图。下面以给 PPT 页面插入合适的图表为例介绍用 Chat PPT 插入图表的方法。

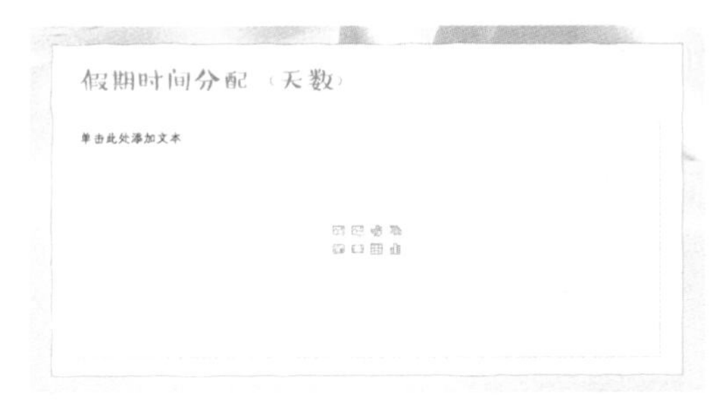

◎ 插入柱状图

01 发送“插入一张图表”指令，出现 Excel 窗口。

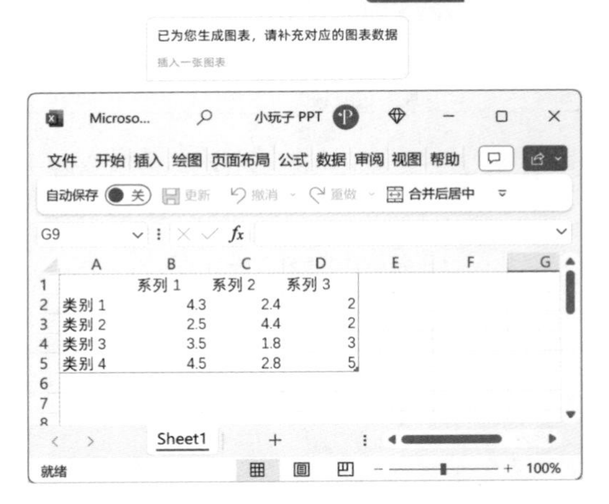

02 输入（或粘贴）自己需要的数据内容。

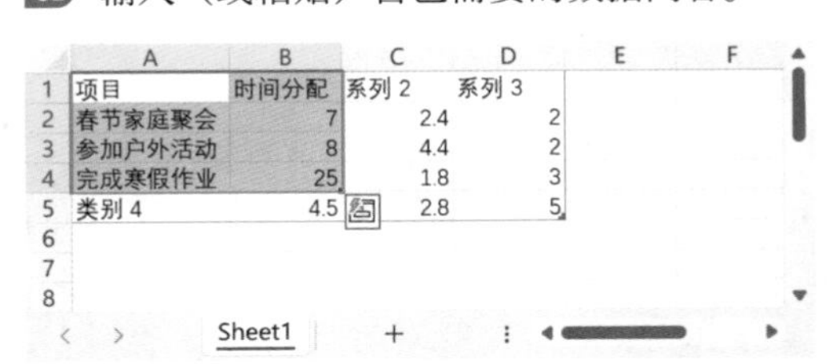

03 删掉多余的数据，拖曳蓝色边框到数据的边界（蓝色框线区域代表表格的取值范围）。

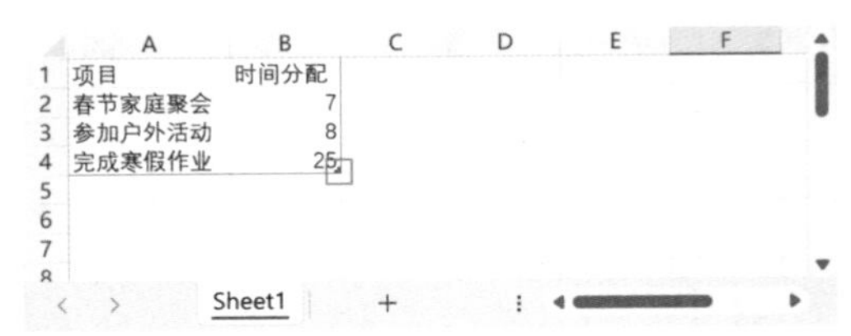

04 单击“关闭”按钮 ×，关掉 Excel 窗口。

05 当前 PPT 页面中就出现了生成好的柱状图。

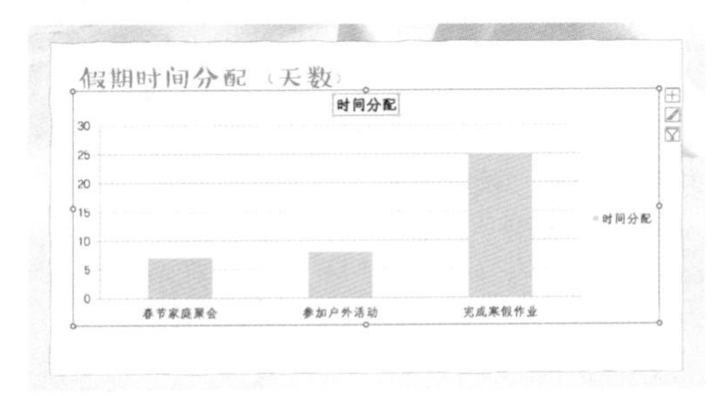

提示

标题、图例等不需要的内容，都可以选中后按 Delete 键删除。

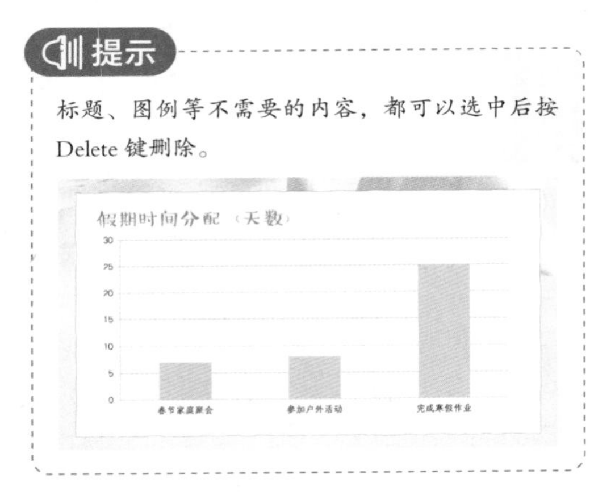

◎ 插入饼图

可采用与插入柱状图相同的方法插入饼图。

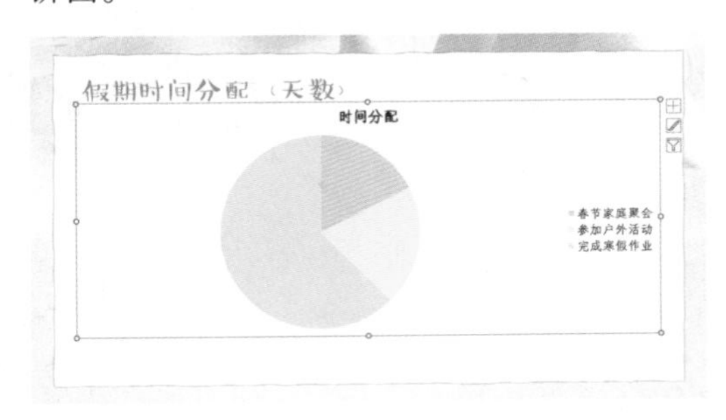

可为饼图补充数据标签，操作如下。

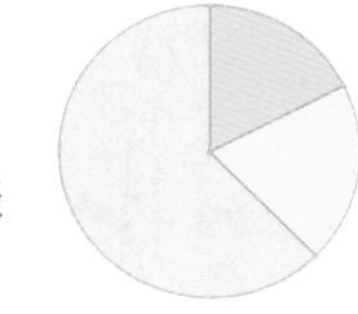

01 选中扇区，执行“图表设计>添加图表元素”命令。

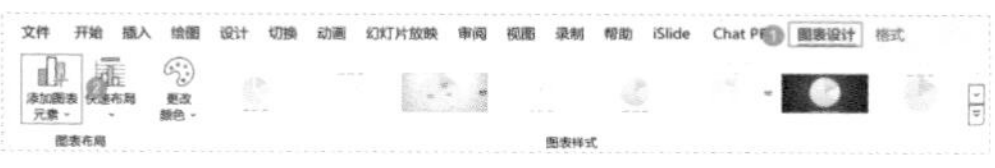

02 执行“数据标签>数据标签外”命令，这时图表就有了数据效果。

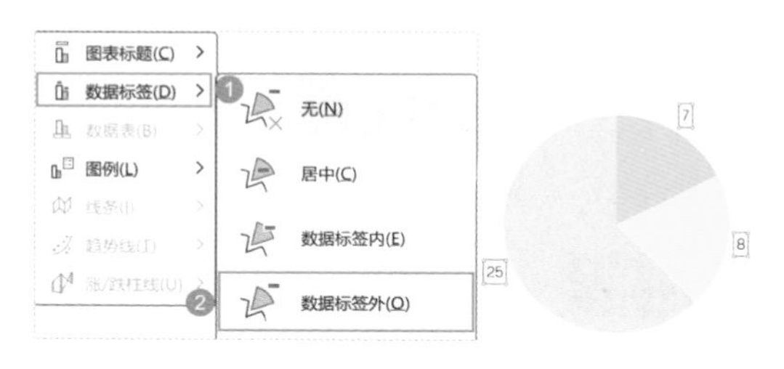

表格转换成图表

可以将已有数据表格直接转换为图表。

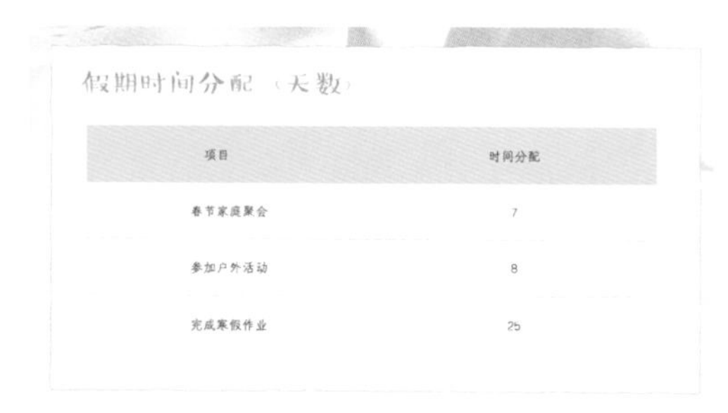

01 打开图表所在页，发送“将当前表格替换为图表”指令，会出现 Excel 窗口。

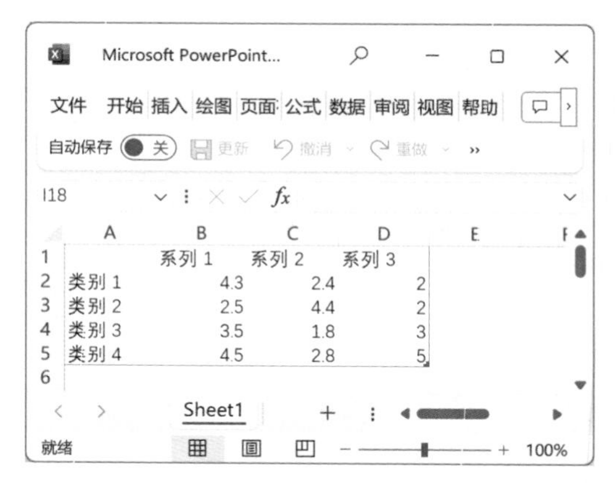

02 单击 Excel 窗口上的“关闭”按钮 ×，图表就转换好了。

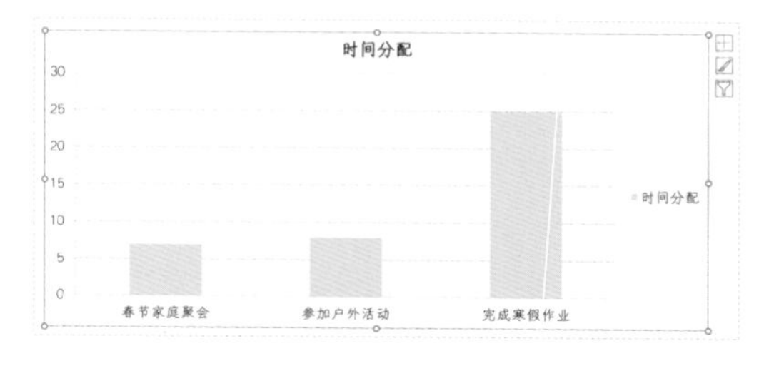

90 怎样用Chat PPT添加音视频和动画

想给枯燥的图文加点视频、音乐，或者炫酷的动画效果，Chat PPT 都能轻松实现。

添加视频

添加视频的基本指令句式是“生成一段 ×× 的视频”。在实际应用中，给指令多加一点场景描述，生成的 PPT 效果会更好。例如，要给 PPT 的红框区域添加视频，视频的内容应该与森林公园相关，指令中可以描述公园里有什么。

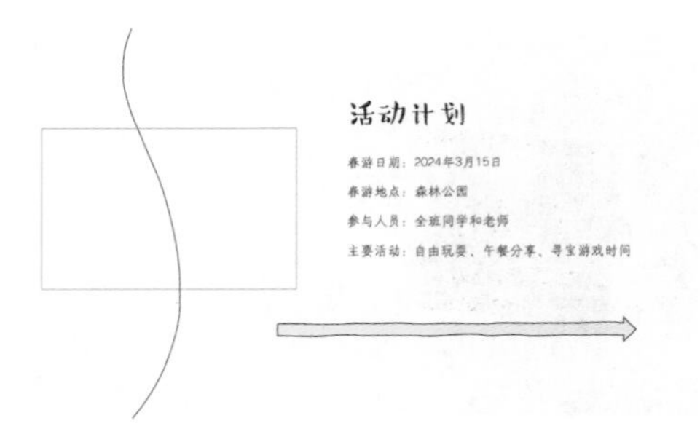

01 发送指令“生成一段森林公园的视频，有很多树和鲜花”。如果对预览效果感到满意，单击“使用”按钮。

02 将视频插入页面后，拖动视频边角点，将其调整到合适大小。

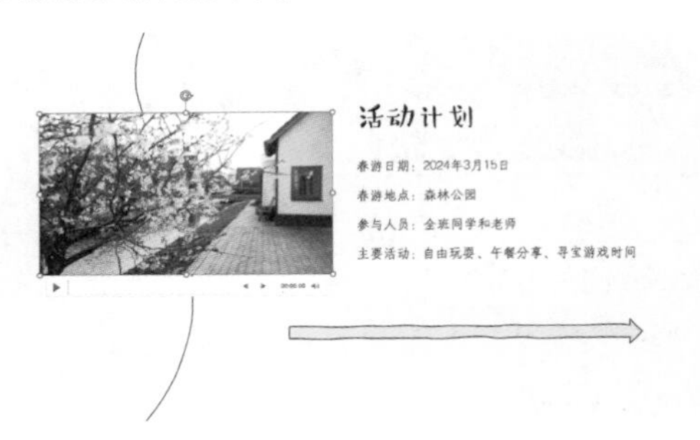

添加音乐

添加音乐的指令句式为“生成一段××的音乐”。例如，想要配一段欢快风格的音乐，就输入“生成一段欢快的音乐”。

生成一段欢快的音乐

创作成功

创作成功后，页面中会多出一个音频图标和一个控制条。

添加动画

既可以给某一页单独添加动画，又可以给整个 PPT 添加动画。

要给某一页 PPT 添加动画效果，发送“添加动画”指令即可。添加成功后，这页 PPT 就有了动画效果。

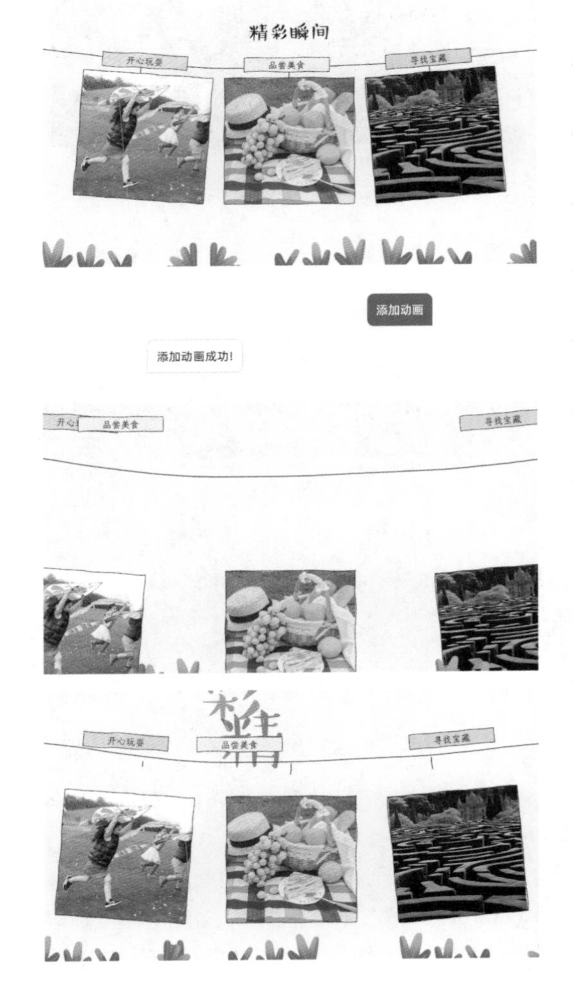

要给这个 PPT 的每一页都添加动画效果，发送“给所有页面添加动画”指令即可。每一页 PPT 预览图的序号下方都出现了动画图标 *，就代表每一页都加上了动画效果。

给所有页面添加动画

添加动画成功!

91 怎样用AI工具让图片变大、变清晰

“屏幕显示的图像是由像素点构成的，像素点越多，图片越清晰。遇到图片尺寸不够的问题时，如果直接将图片放大，图片效果会非常糟糕。那么，在不换图的情况下，该怎样处理这一问题呢？”

“Bigjpg”智能图片放大

“Bigjpg”是一个人工智能图片放大网站，界面简单且功能实用。优点是图片放大后边缘不会有毛刺和重影，影响画质的噪点也基本看不出来，尤其是“卡通 / 插画”类型的效果非常棒。下面以放大卡通图片为例介绍用“Bigjpg”智能放大图片的方法。

01 打开“Bigjpg”网站，单击“选择图片”按钮。

AI人工智能图片放大　　登录 / 注册

⊕ 选择图片

想要放大图片更快、更多、更稳定? 登录!

02 从计算机中找到需要放大的图片，双击图片，将图片上传到“Bigjpg”网站。

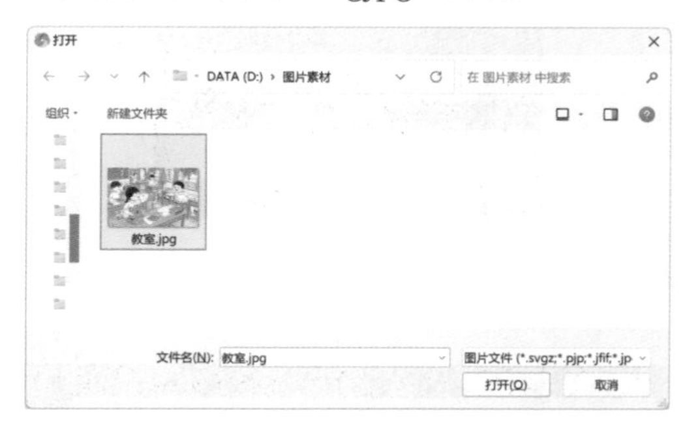

03 单击“开始”按钮，在弹出的“放大配置”页面中根据个人需要选择“图片类型”“放大倍数”“降噪程度”，然后单击“确定”按钮。

04 等待几分钟，网站会处理图片。处理完成，单击“下载”按钮，就大功告成啦！

来看看放大前后的图片局部效果对比。

放大前尺寸：1000 像素 ×667 像素

放大后尺寸：4000 像素 ×2668 像素

图片放大至原来的 4 倍，细节仍然比较清晰，边缘也没有明显的毛刺。

“文心一格”让图片变高清

“文心一格”处理照片的效果较好，人像照片和风景图都可以用它放大。下面以放大孩子的照片为例介绍用“文心一格”让图片变高清的方法。

01 打开“文心一格”网站，执行“AI 编辑>图片变高清>上传图片”命令。

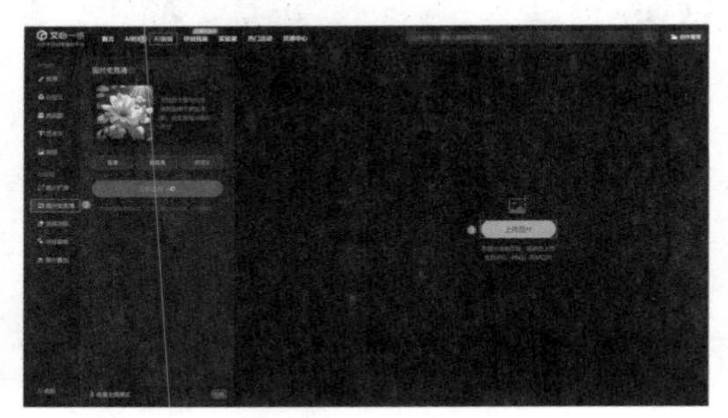

02 单击“选择文件”按钮。

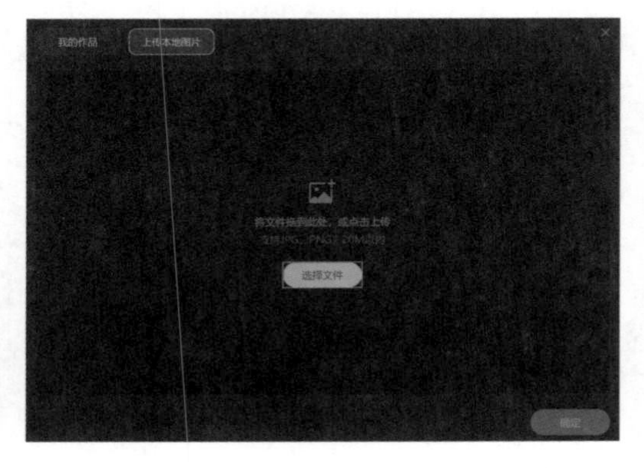

03 在计算机中找到需要放大的图片，双击打开。

04 单击“确定”按钮，将图片上传到网站。

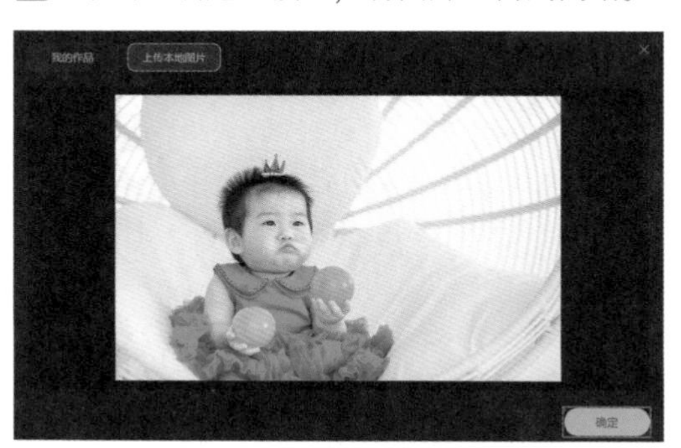

05 单击“立即生成”按钮。稍等片刻，高清大图就生成好了。

06 单击右上角的“下载”按钮，将图片保存到计算机中。

92 怎样用AI工具扩展图片

想拿好看的照片来做 PPT 背景图，却发现画面中缺少适合写文字的留白区域。这种情况就可以使用 AI 工具对图片进行扩展处理。

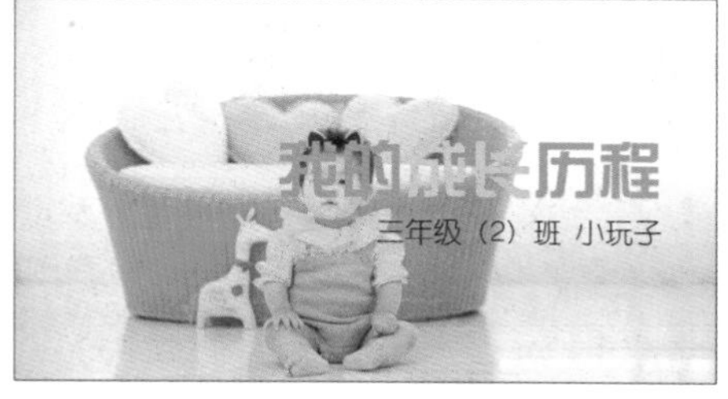

原图文字挡脸×

扩图后版面协调✓

“文心一格”图片扩展

以向右扩展下面这张孩子的照片为例介绍“文心一格”扩展图片的方法。

01 打开“文心一格”网站，执行“AI 编辑>图片扩展>上传图片”命令。

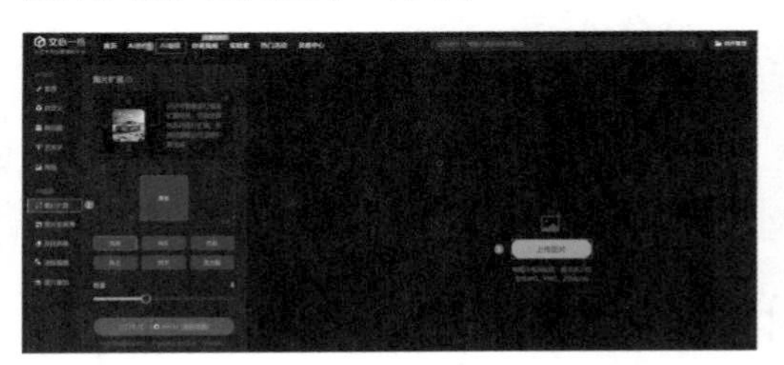

02 单击“选择文件”按钮。

03 在计算机中找到需要放大的图片，双击打开。

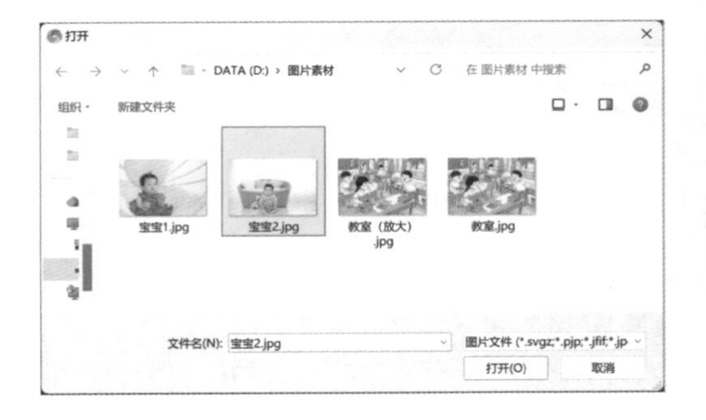

04 单击“确定”按钮，将图片上传到网站。

05 选择扩展方向。例如，想扩大图片右边的留白区域，就单击“向右”按钮，再单击“立即生成”按钮。

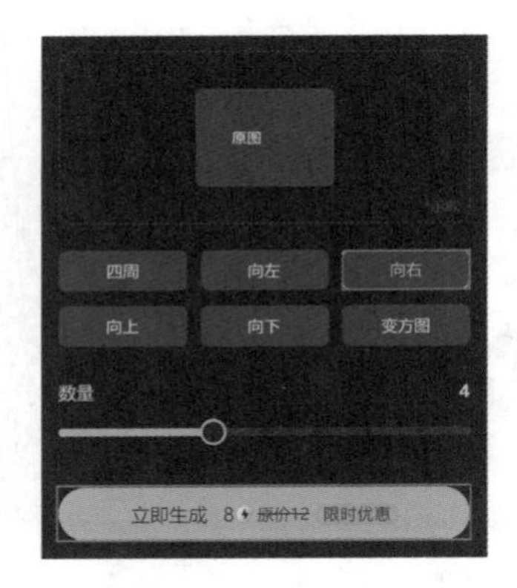

06 稍等片刻，默认生成 4 张不同的扩展图片，从中选择最令人满意的一张即可。如果生成的图片有小瑕疵，可将鼠标指针移动到这张图片上，通过“去编辑>涂抹消除”消除瑕疵。

07 单击下载按钮，下载图片。

Photoshop 内容识别填充

Photoshop（2019 及以上版本）引入了名为 Adobe Sensei 的 AI 技术，图片扩展变得简单、高效。

01 将孩子的照片拖曳到 Photoshop 软件中打开。

02 执行“图像>画布大小”命令。

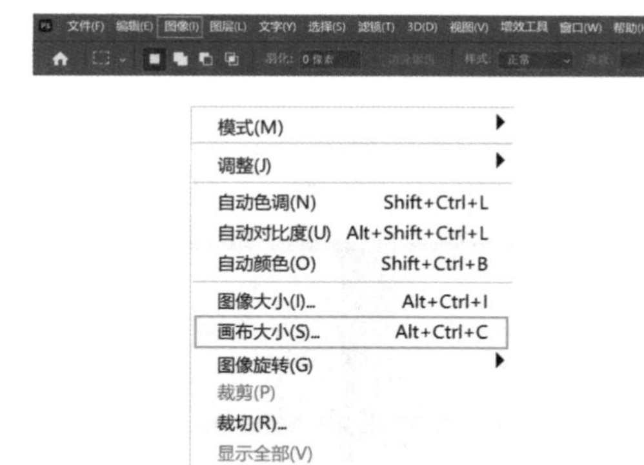

03 在弹出的“画布大小”对话框中，设置“宽度”为 1000，勾选“相对”，将定位点设置在第二行第一列的圆点位置（表示向右扩展画布），单击“确定”按钮。此时，画布右侧的虚线框内多出了一片白色区域。

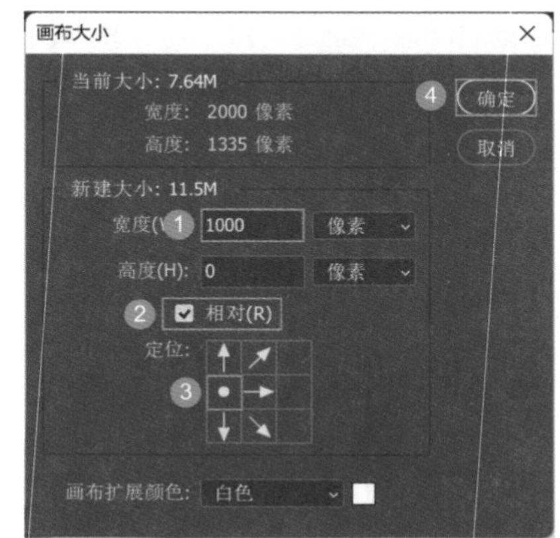

04 单击矩形选框工具（快捷键：英文输入法下按字母“M”），框选白色区域。

05 执行“编辑>内容识别填充”命令。

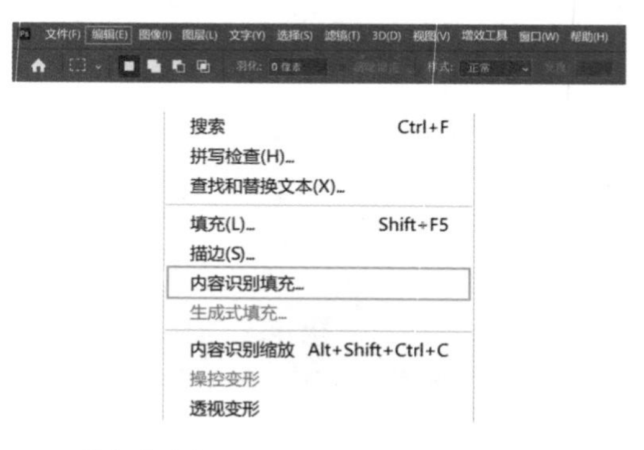

06 弹出内容识别填充预览窗口，绿色覆盖区域为采样区域，代表填充区域的内容来源。如

果预览图令人满意，直接单击“确定”按钮；如果不令人满意，单击左上角的“增加”按钮或“减少”按钮，涂抹原图中的绿色区域，改变采样范围。每当绿色选区发生改变，“预览”窗格都会重新生成一次图片。

07 图片生成好，检查没有问题后保存即可。

93 怎样用AI工具局部修图、去水印

AI 工具就像图像处理领域的超级英雄，拥有神奇的橡皮擦和画笔。只需轻轻一点，它就能精准地定位并修改照片中的不足之处，甚至还能轻松去除水印。想知道它是怎么做到的吗？那就一起来探索这个神奇的修图世界吧！

手机操作

手机修图非常方便。照片中多余的路人、杂物或水印，都可以用手机软件快速处理。

◎ “醒图”消除背景中多余的人物

手机拍摄的景区游玩照片，背景中难免有多余的人混入。这时，我们用手机 App 的智能消除功能处理一下，就能让照片背景变干净。例如，常见的手机修图软件“醒图”和“美图秀秀”，都可以通过涂抹照片上的杂物来让背景变得更干净。下面以“醒图”App 为例讲解消除背景中多余人物的方法。

01 将需要处理的照片在“醒图”中打开，选择“人像”选项，将“人像”上方的工具条向左滑，点击“消除”按钮。

02 在下一级操作界面中点击“魔法消除”按钮。

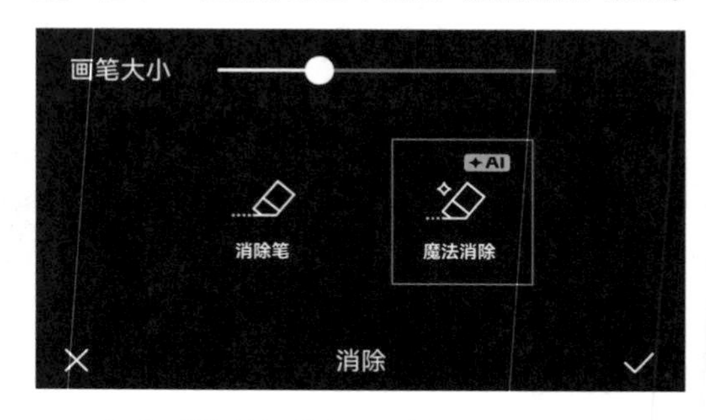

03 点击“涂抹”按钮，涂抹照片中需要消除的部分（绿色部分），再点击“魔法消除”按钮。

04 等图片处理完成，点击右下角的对钩按钮☑。

05 点击右上角的“下载”按钮⤓，处理好的图片就被保存到手机中了。

◎ 手机相册自带的消除功能去水印

手机相册自带的消除功能可以用来去除水印。现在许多手机品牌（如华为、OPPO、三星等）的新款机型都自带 AI 消除功能。虽然不同手机用起来可能会有差异，但它们的处理思路都和“醒图”类似。

下面以华为手机为例讲解通过手机相册自带的消除功能去水印的方法。

01 在手机相册中选择需要处理的图片。这张图的右下角有明显的水印文字，需要消除。点击“编辑”按钮。

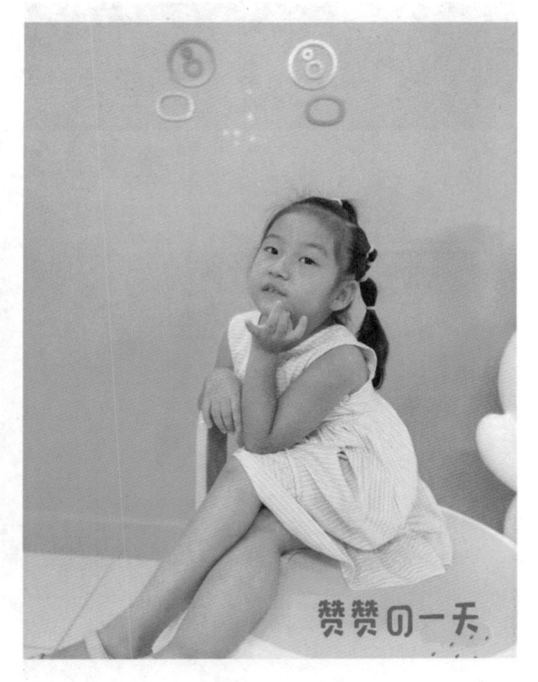

02 将底部工具条向左滑，点击“消除”按钮。

03 点击“手动消除”按钮，涂抹照片中需要消除的部分（黄色区域），松开手指就可以看到消除效果了。这个操作可以重复多次，直到效果令人满意为止。

04 水印全部消除干净后，点击右下角的对钩按钮☑。

05 点击右上角的“保存”按钮▣，处理好的图片就保存到手机中了。

计算机操作

若遇到更大、更复杂的图片，手机不好处理，可以交给计算机处理。

◎ Photoshop 中的移除工具

Photoshop（版本 25.0）新增了一项具备 AI 智能识别功能的移除工具，操作方式和手机修图一样简单，还能避免大尺寸的高清美照被手机过度压缩。例如，下面这张图片的左下角有明显的文字水印“样图”，就可以用 Photoshop 中的移除工具快速处理。

01 在左侧工具栏中找到“污点修复画笔”工具，单击右下角的下拉按钮，选择“移除工具”。

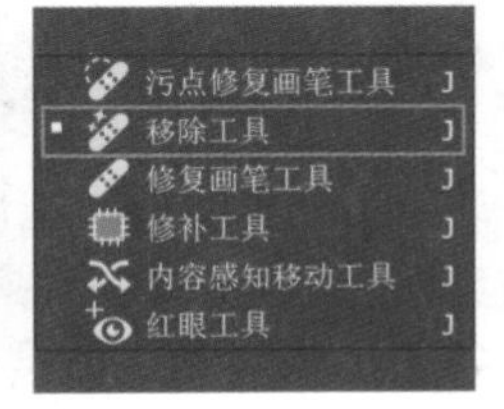

02 涂抹覆盖画面中需要消除的部分（紫色区域）。

提示

在顶部选项栏中可调节涂抹画笔的大小。数字越大，画笔越大；数字越小，画笔越小。

03 涂抹完毕，就能看到处理好的效果。

94 怎样用AI工具抠图和调光

孩子的证件照、手机自拍照都有背景颜色。如果将这些照片用在 PPT 里，一般需要进行抠图处理。AI 工具可以帮我们快速解决这个难题。

AI 抠图

例如，下面两张带有不同背景的孩子照片，就可以通过 AI 网站或者用 Photoshop 软件一键抠图。AI 抠图网站有很多，如“凡科快图”“稿定”“Bgsub”“Remove”等，操作方法和效果类似。下面以“凡科快图”为例讲解 AI 抠图方法。

◎ 凡科快图“一键 AI 抠图”

01 打开“凡科快图”网站，执行“AI 抠图>上传人像图”命令。

02 找到计算机中需要抠图的照片，双击照片，将照片上传到“凡科快图”网站。

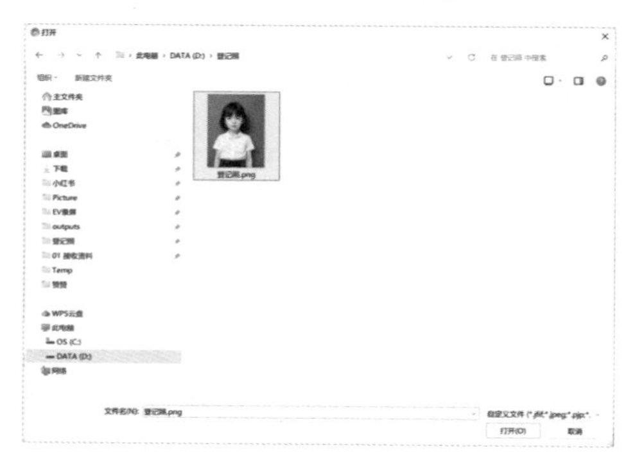

> **提示**
> 尽量选择单色背景的照片，这样处理效果会更好。如果背景环境过于杂乱，AI 有可能识别不准。

03 等待上传。

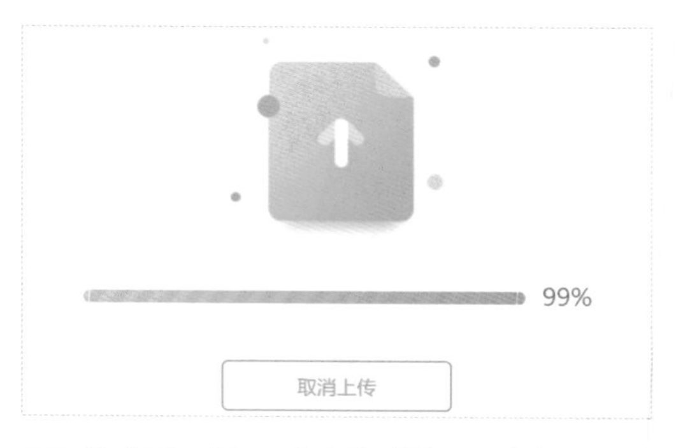

04 单击“一键 AI 抠图”按钮，系统就会处理照片了。

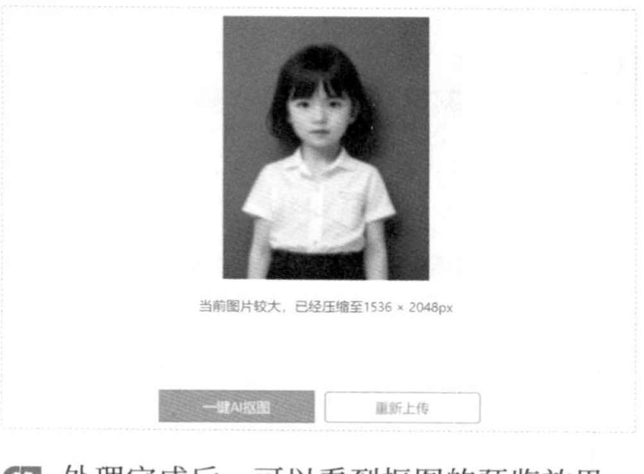

05 处理完成后，可以看到抠图的预览效果。左侧是原图，右侧是抠好的预览图。

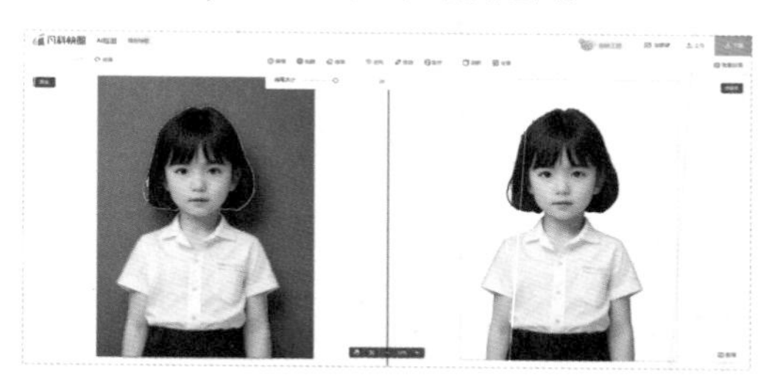

06 单击右上角的“下载”按钮，再单击“下载到电脑”按钮，将抠好的图保存到计算机中，抠图完成。

快捷键 上传 下载

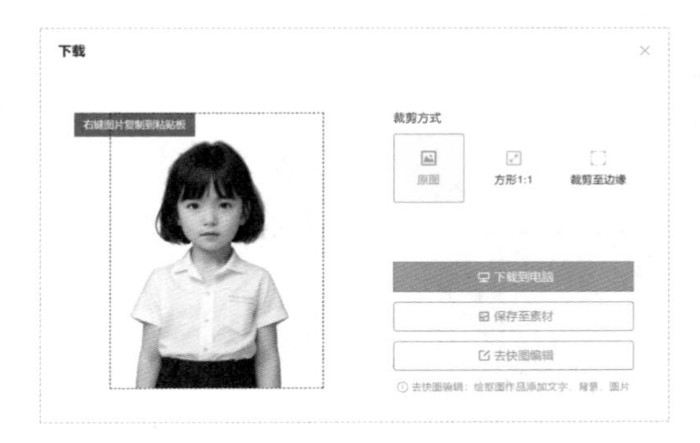

◎ Photoshop 一键抠图

Photoshop（2019 及以上版本）自带一键抠图功能，简单好用。

01 将需处理的照片拖曳到 Photoshop 软件中打开，单击照片下方的“移除背景”按钮，软件就会自动识别并抠除背景。当照片背景中出现白灰交错的格子，代表已经抠出图像。

提示

如果打开 Photoshop 软件后，没有显示“移除背景”按钮，可执行“窗口>上下文任务栏”命令，让其显示出来。

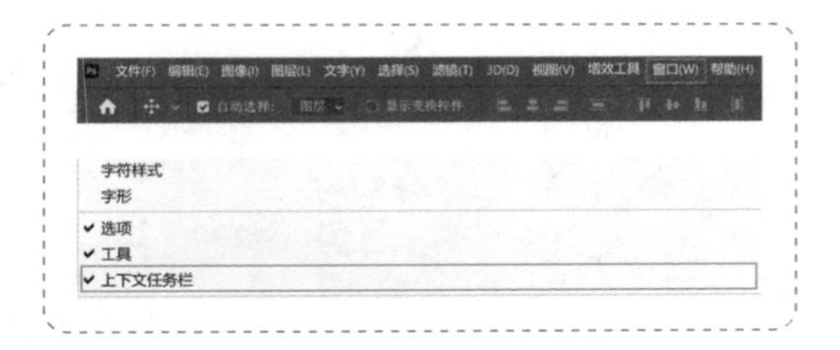

02 在“图层”选项卡中找到“图层 0”。在“图层 0”处单击鼠标右键，选择“快速导出为 PNG”选项。

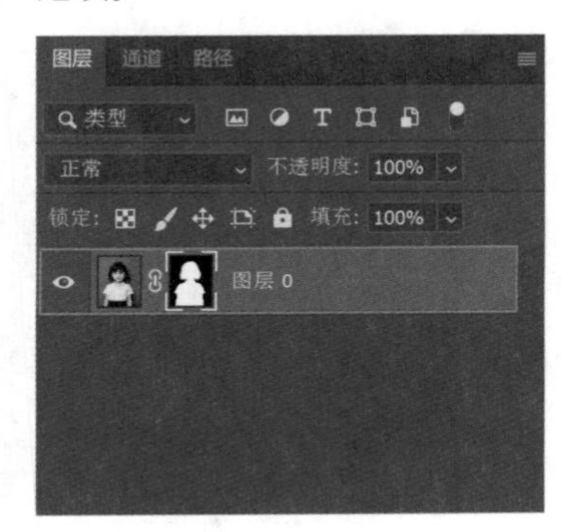

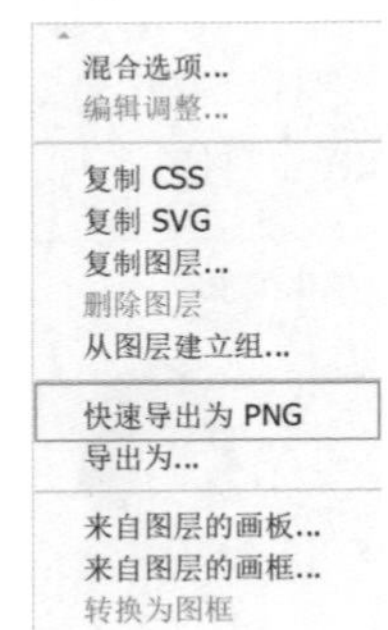

03 选择合适的存储位置，单击“保存”按钮，将抠好的图片保存到计算机中，抠图完成。

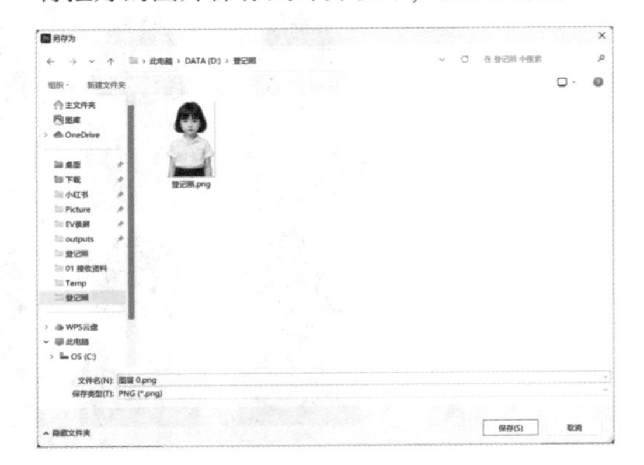

PPT 辅助补光

如果拍摄照片时光线不足，照片的亮度会偏暗。遇到这样的情况，可以用 PPT 的图片校正功能给照片补光。

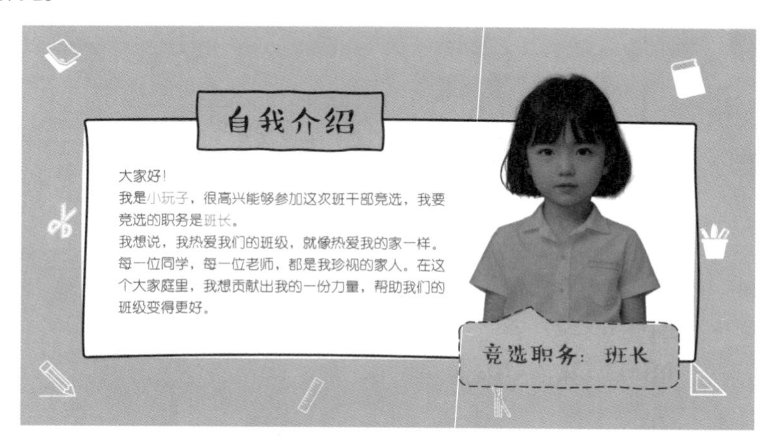

01 单击需要补光的图片，执行“图片格式>调整>校正”命令。

02 在图片列表中找到亮度合适的预览图，单击预览图。越靠右图片的亮度越高，示例图片选择的是“亮度：+40% 对比度：0%（正常）”。

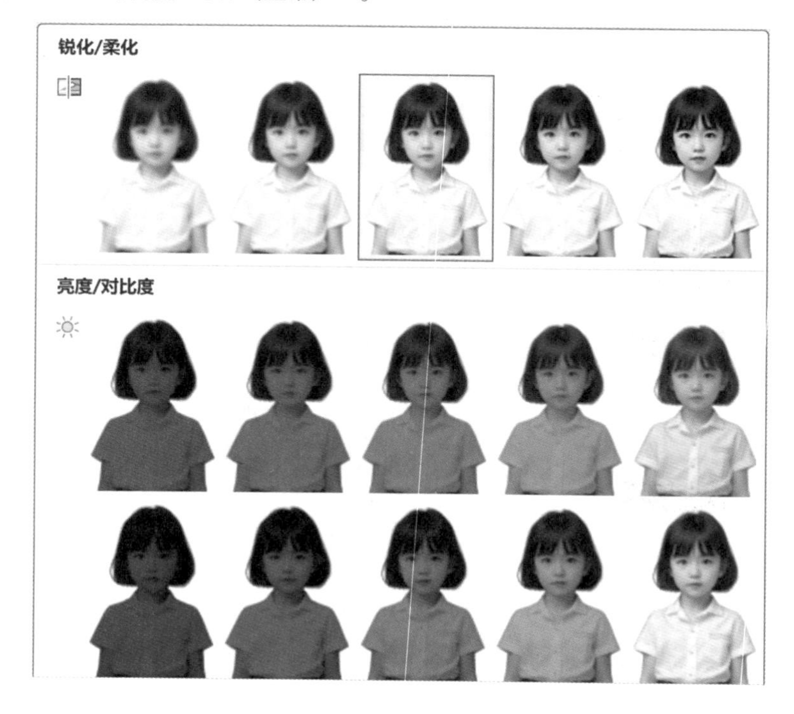

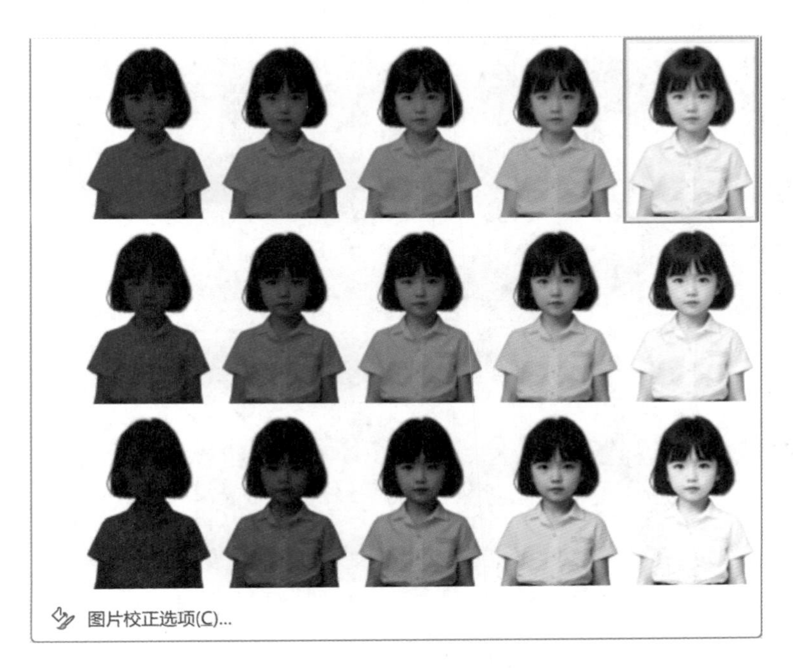

03 补光完成的效果如下图所示。

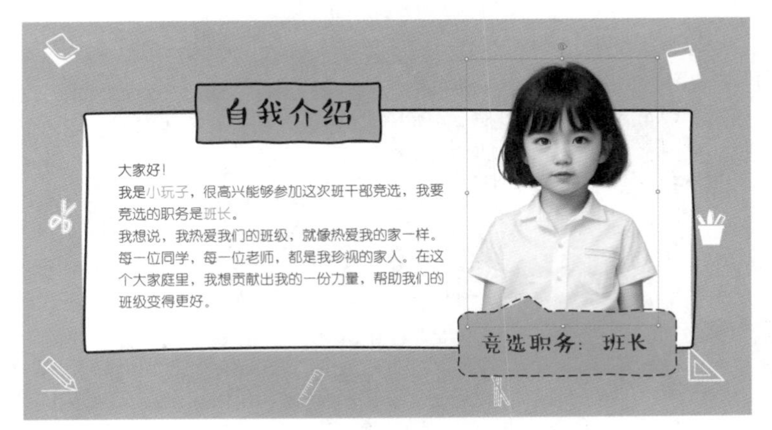

技巧篇

POWERPOINT

多做一步，让老师和同学赞不绝口

95 孩子的证件照怎样制作

“急用证件照，来不及去影楼拍摄时，可以自己动手制作。只需简单几步，就能做出合格的证件照。”

拍照方法

直接用手机拍照即可，注意避免以下几个小问题。

◎ 避免背景杂乱

尽量找纯色背景墙拍照，不要站在背景杂乱的客厅等位置。背景太杂乱，AI 抠图可能识别不准，导致抠不干净。

◎ 避免斑驳的光影

尤其在窗边拍摄时，尽量避免光斑洒在脸上和身上，导致出现斑驳的光影。

◎ 避免衣服和背景色相同

如果人物穿浅色衣服，则采用深色背景；如果穿深色衣服，则采用浅色背景。如果衣服和背景颜色相同或相似，容易导致 AI 抠图识别不准。

制作方法

以下面这张照片的操作为例介绍孩子证件照的制作方法。

01 打开“凡科快图”网站。

02 找到“智能证件照”模块，点击“立即使用”。

03 弹出“打开”窗口，找到需要制作的照片，双击照片。

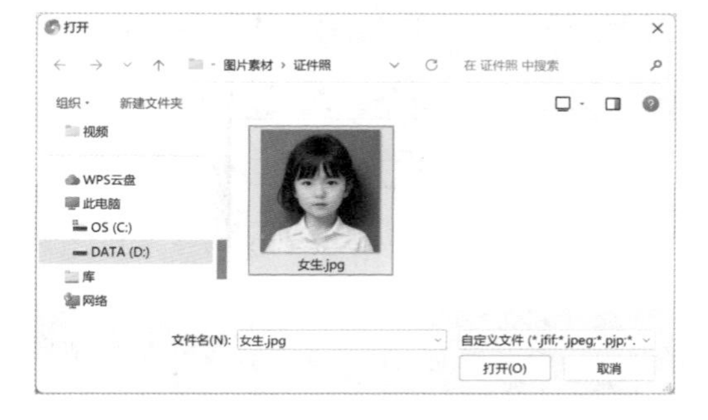

04 点击“一键制作证件照”按钮。

05 稍等一会，抠图完成后会进入证件照编辑页面。

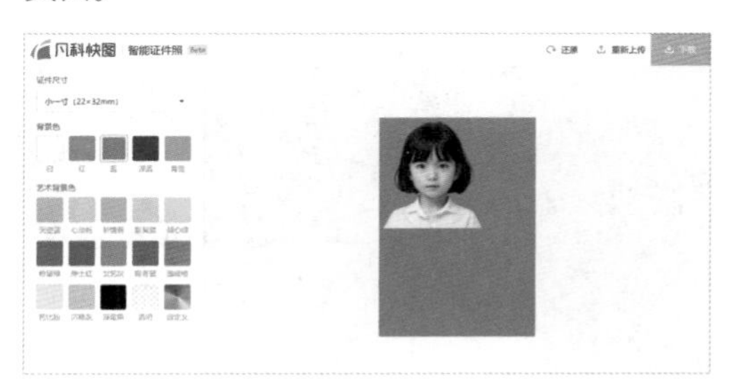

06 在“证件尺寸”下拉列表框中选择所需尺寸。

常用尺寸基本都有。

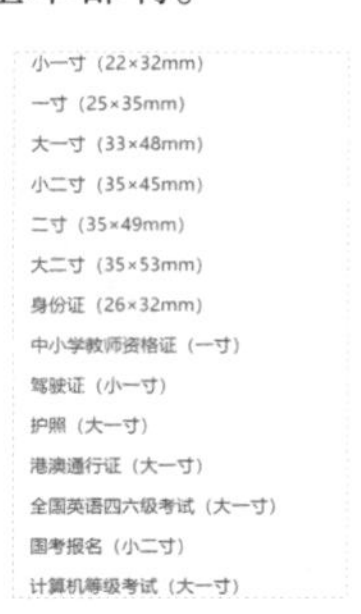

07 背景色默认是蓝色，可单击“背景色”中相应的色块，选择所需背景色。

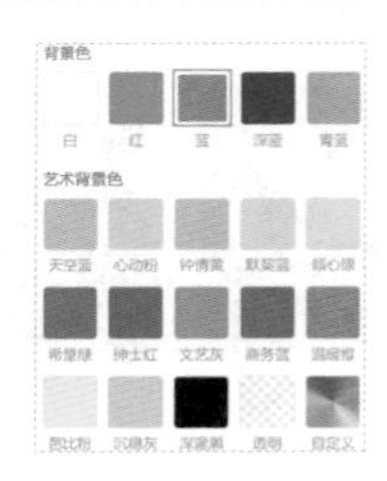

08 选中照片，移动位置。拖曳照片边角点，调节大小。这时预览图会有点模糊，不用担心，下载后是清晰的。

09 将图片调节至令人满意的状态，单击右上角的“下载”按钮，将照片保存到计算机中。

10 完成效果。

96 孩子的奖状、证书怎样处理

与学习、竞选相关的 PPT 中，如果加上孩子的奖状、证书，显然会更有说服力。但大小不一、颜色各异的奖状，怎么处理会更美观呢?

效果对比

先来个错误示范。可能很多家长的“随手拍”也是这样的。

奖励证书（错误示范）

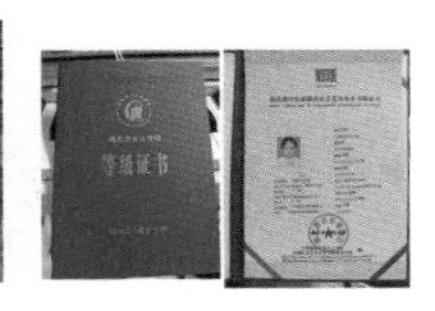

再来个正确示范。重新认真拍摄一次，并按照本节讲述的方法简单处理，就是一页整齐的能展示奖励证书的 PPT 了。

奖励证书

拍摄技巧

不需要多么高深的拍摄手法，只要认真对待、拍摄平整就可以了。

◎ 错误示范

第一种：拍摄的奖状不完整。这是最常见的一种错误，打开相机随手一拍，不管背景是否杂乱、奖状是否倾斜。

第二种：奖状“阴阳脸”。夜晚在台灯下拍摄，特别容易出现这种情况。且单手横向拿手机，很容易导致虚焦，使得拍摄的图片十分模糊。这样的照片，后期也很难补救。

第三种：奖状倾斜。拍摄时手机取景框没有和奖状边线对齐，画面过于倾斜。

◎ 正确示范

01 拍照前，先点开相机设置⚙。不同手机设置的图标和位置可能不同（可查询官方使用教程），这里以华为手机为例。

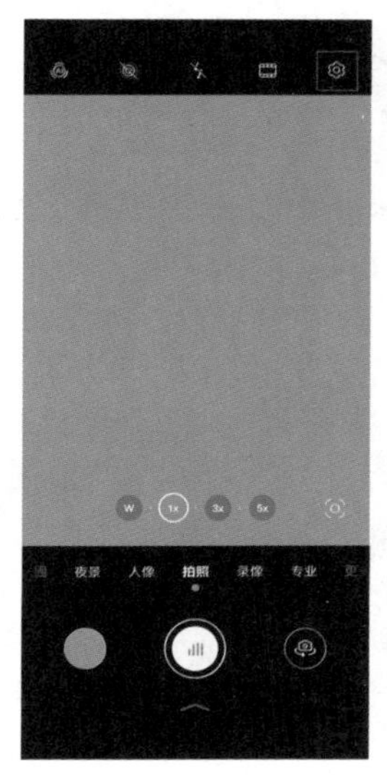

02 打开“参考线”，手机取景框中会出现九宫格参考线。

03 双手端平手机，让九宫格参考线与奖状边线保持平齐，奖状完整出现在取景框中，再按拍摄按钮。

04 这样得到的照片字迹清晰，无重影、阴影，多出的边角部分和细微倾斜也很容易通过后期处理掉。

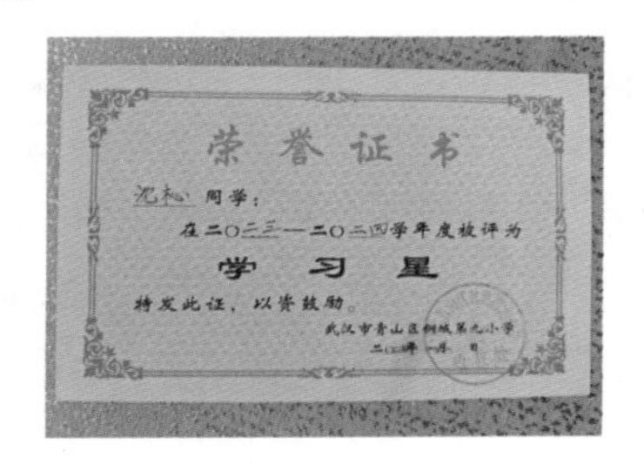

后期技巧

后期处理主要是让照片回正，补足光线，让奖状、证书看起来更美观。

◎ Photoshop 回正

01 在 Photoshop 中打开图片。

02 在左侧工具栏中执行“裁剪工具>透视裁剪工具”命令。

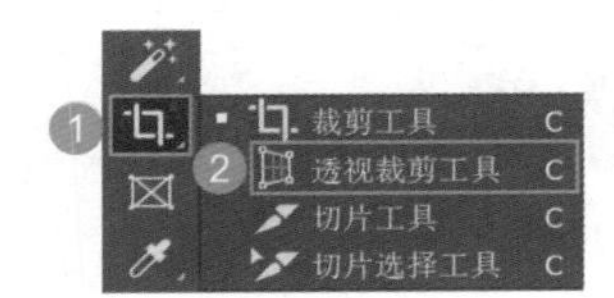

03 顺次单击证书的 4 个边角点，确定裁剪位置。边角不够整齐的，尽量点在白边区域。可以少保留一点，但要让画面显得干净。

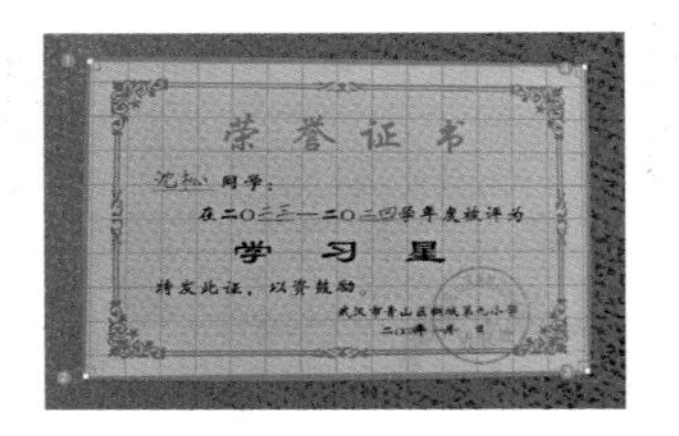

04 按 Enter 键，图片就裁剪好了。按 Ctrl+S，覆盖原图保存。

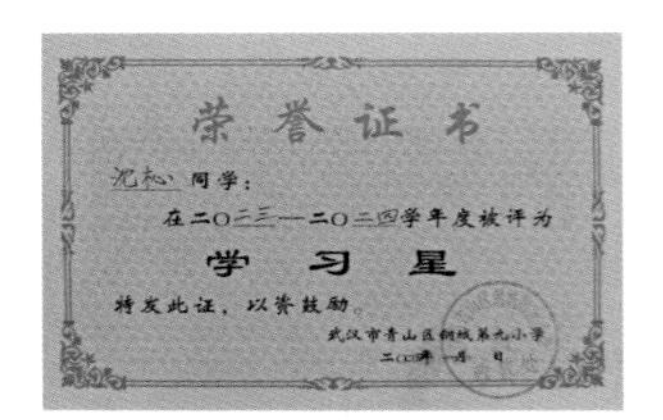

◎ PPT 补光

将处理好的图片拖入 PPT 中，尽量把所有的图片排成一个长方形，这样会显得更整齐。但此时的图片明显亮度不够，有点太暗了，需要进行补光处理。

01 任意选中一张图片，执行“图片格式>调整>校正”命令。

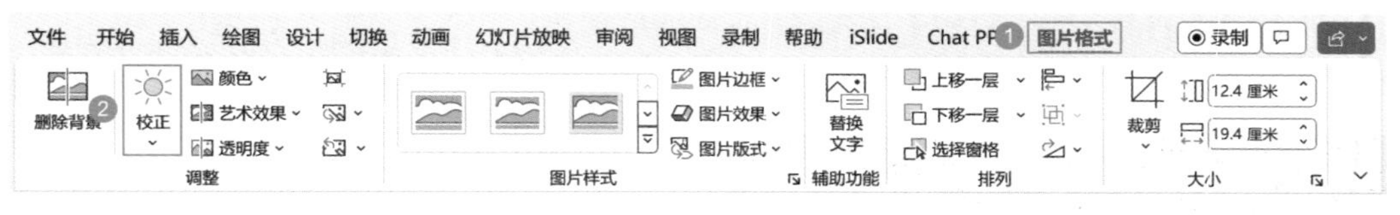

02 选择“亮度 / 对比度>亮度: +20% 对比度: 0%（正常）”的图片。

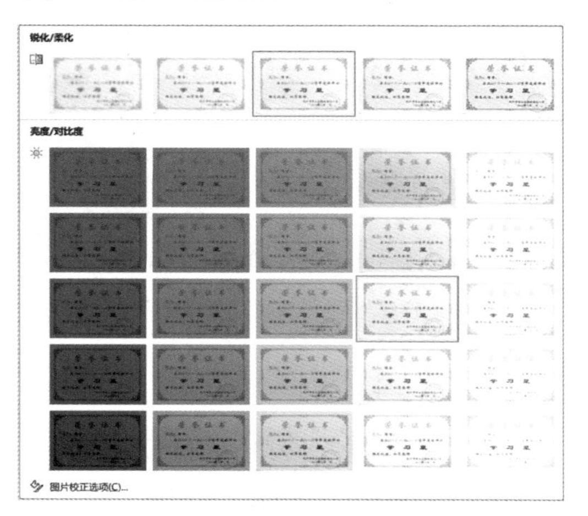

03 这张图片就明显变亮了。

04 用相同的方法处理好所有图片，得到最终效果。

97 怎样替换不同的模板图片

本书中的模板图片，大多数都可以直接替换，有一小部分为了美观用到了特殊设计而不能直接替换。下面展示替换不同模板图片的操作方法。

常规图片

常规图片是指不需要进行特殊换图操作的图片，本书提供的配套 PPT 模板绝大多数都是这种类型的。

◎ 矩形图片直接替换

常见的矩形图片，能直接选中和替换。

我的家乡："江城"武汉

大家好，我的家乡是中国湖北省的省会城市——武汉！武汉位于华中地区、长江中游，长江及其最大支流汉江在城中交汇，形成武汉三镇（武昌、汉口、汉阳）隔江鼎立的格局。市内江河纵横、湖港交织，又被人们称为"江城""百湖之城"，武汉的地理位置十分重要，是中国内陆最大的水陆空交通枢纽之一，被誉为"九省通衢"。武汉还有着悠久的历史和丰厚的文化底蕴，是楚文化的发祥地之一。

01 右键单击要替换的图片，执行"更改图片>此设备"命令。

02 在计算机中找到想要替换的图片，双击。

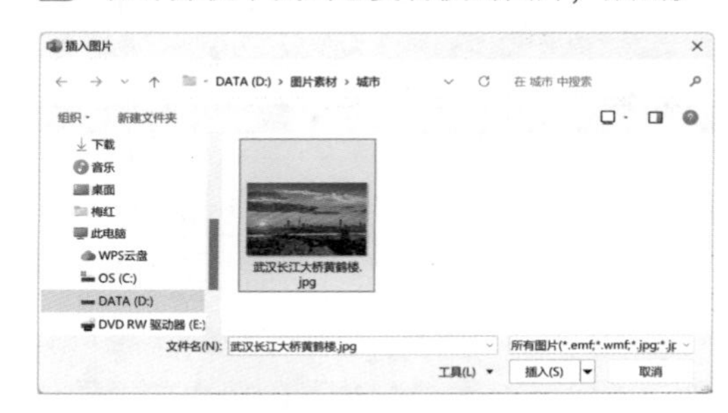

03 替换完毕。

我的家乡："江城"武汉

大家好，我的家乡是中国湖北省的省会城市——武汉！武汉位于华中地区、长江中游，长江及其最大支流汉江在城中交汇，形成武汉三镇（武昌、汉口、汉阳）隔江鼎立的格局。市内江河纵横、湖港交织，又被人们称为"江城""百湖之城"，武汉的地理位置十分重要，是中国内陆最大的水陆空交通枢纽之一，被誉为"九省通衢"。武汉还有着悠久的历史和丰厚的文化底蕴，是楚文化的发祥地之一。

◎ 用格式刷快速复制格式

带有装饰边框的图片，可以通过格式刷调整修改后图片的边框效果。

01 将想要的图片拖入 PPT 页面中。

02 选中带装饰边框的原图。

03 执行“开始>剪贴板>格式刷”命令，鼠标指针变成![]。

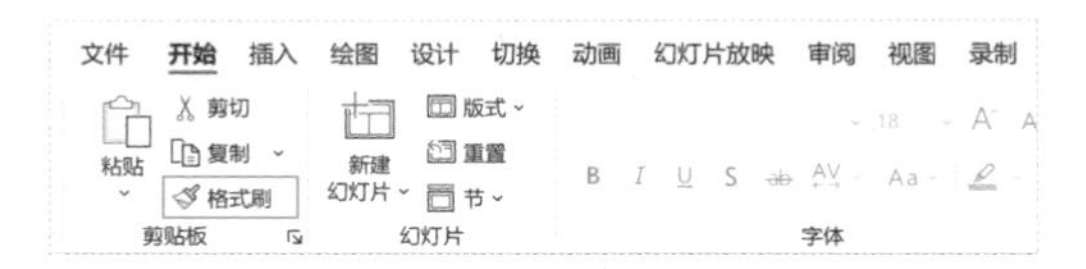

04 在新拖入的图片上单击，图片格式就复制好了。

非常规图片

有少数带有不规则设计的模板图片，可以用以下方法替换。

◎ 非顶层图片调整排序

以下面这张模板为例。这张模板带有星星和小树装饰框，遮住了一部分图片。直接单击图片，出现的图框面积明显比图片大很多。替换这类模板图片，需要先将装饰框下移，换完照片再移回来。这样做的好处是，可以避免图片错位。

01 选中最上方的装饰框图层，执行“开始>绘图>排列”命令，再选择“下移一层”。

02 让图片图层完整出现在装饰框图层上方。如果一次操作没有得到理想效果，可以重复多次操作，直到图片图层可以被选中（这时的选框会与照片边缘完全贴合）。

03 右键单击图片，执行“更改图片>此设备”命令。

04 在计算机中找到想要的图片，双击图片。

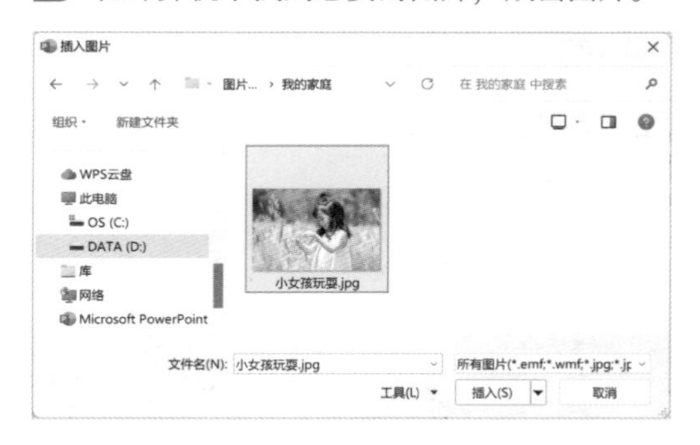

05 单击装饰框图层元素区域（红色标注区域），选中装饰框图层。

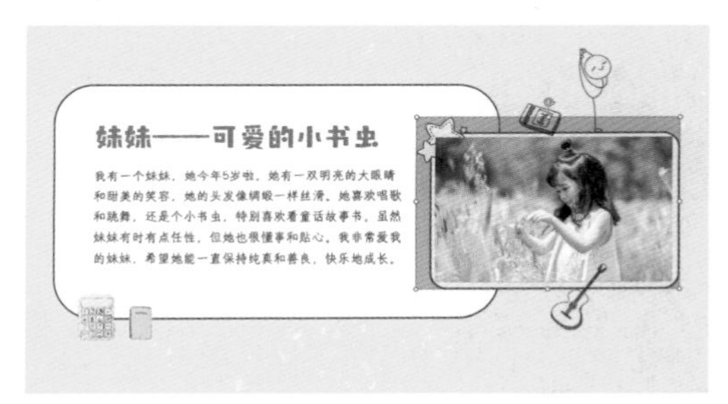

06 执行“开始>绘图>排列”命令，选择“上移一层”。前面“下移一层”点了几次，这里“上移一层”就点几次。

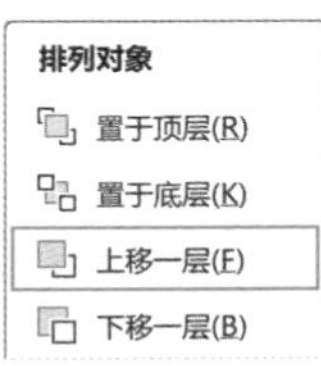

07 装饰框图层复位，调整完毕。

◎ 拖移上层装饰框

如果觉得调整图层排序的操作过于麻烦，可以直接将装饰框图层拖到一旁，替换完图片后再拖回来。注意，复位时装饰框要和照片边缘对齐。替换图片的过程与上文所述是一样的，这里不再赘述。

◎ 异形图片填充替换

以下面这页模板为例，这里展示的是不规则形状的照片，且带有煎锅和鸡蛋的手绘装饰框图层将照片区域遮住了一部分。

01 先用“非顶层图片调整排序”的方法将装饰框图层下移，直到可选中照片图层。

02 在照片上单击鼠标右键，选择“设置图片格式”选项。

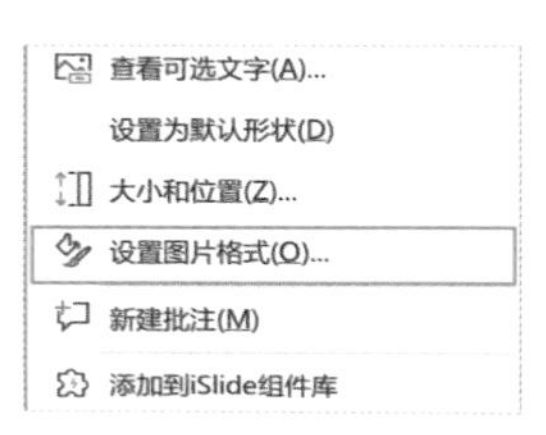

03 单击“填充与线条”图标，选中“填充”下的“图片或纹理填充”，并单击“插入”按钮。

04 选择“插入图片”中的“来自文件”。

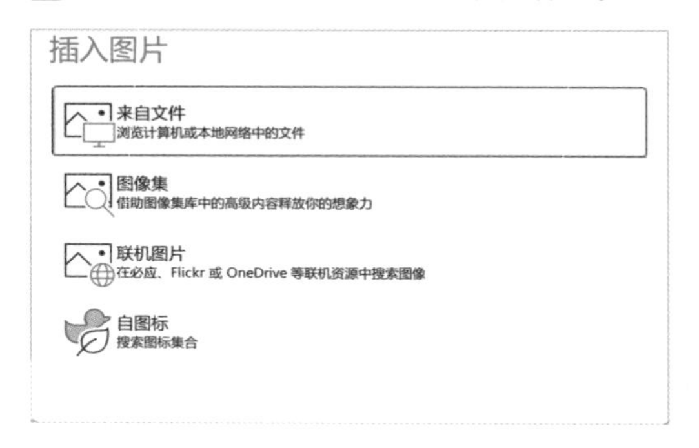

05 在计算机中找到想要的图片，双击图片。

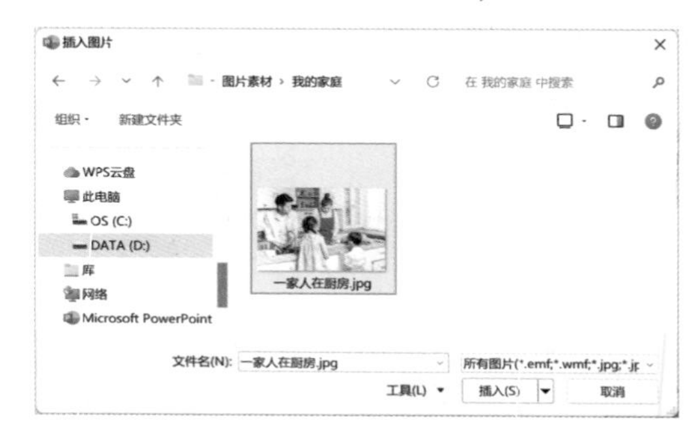

06 用“非顶层图片调整排序”的方法将装饰框图层上移复位。

98 怎样快速给PPT更换字体

用 PPT 自带的母版和设计功能更换字体很方便。

母版改字体

仅修改标题或正文字体，可采用母版改字体的方法。例如，将所有标题字体改为非系统自带的“汉仪永字值日生 W”。

01 执行“视图＞母版视图＞幻灯片母版”命令。

02 单击第一个母版预览图，再选中这一页母版的标题文本框。

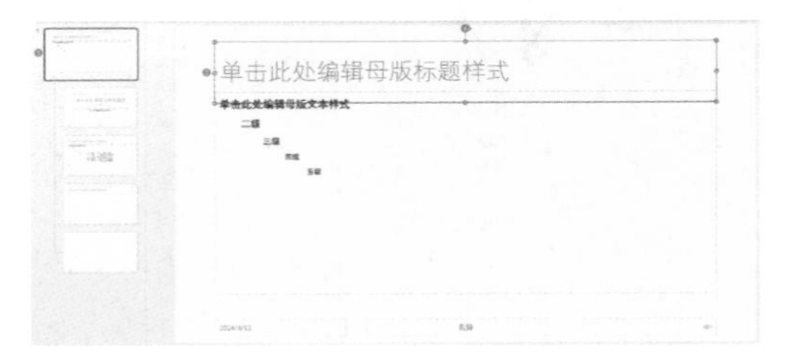

03 单击“开始”选项卡，选择“字体”下拉列表框中的“汉仪永字值日生 W”。

04 母版标题字体就会变成“汉仪永字值日生 W”字体。

05 执行“视图>演示文稿视图>幻灯片浏览”命令，快速浏览字体的替换情况。可以看到，标题字体已经全部替换好了。

06 双击任意页面，回到普通视图。

更换主题字体

可选择 PPT 自带的主题字体，也可自定义设置主题字体。

一键更换主题字体

PPT 预设了一些主题字体组合，可以直接选择更换。

01 单击“设计”，再单击“变体”的下拉图标。

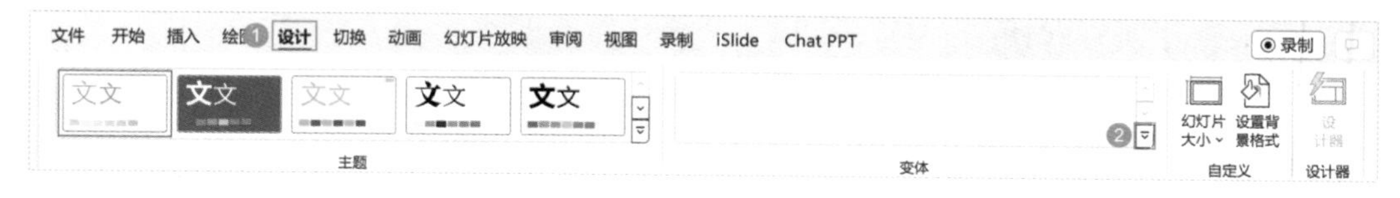

02 选择“字体”列表下的任意一组字体组合，即可替换。

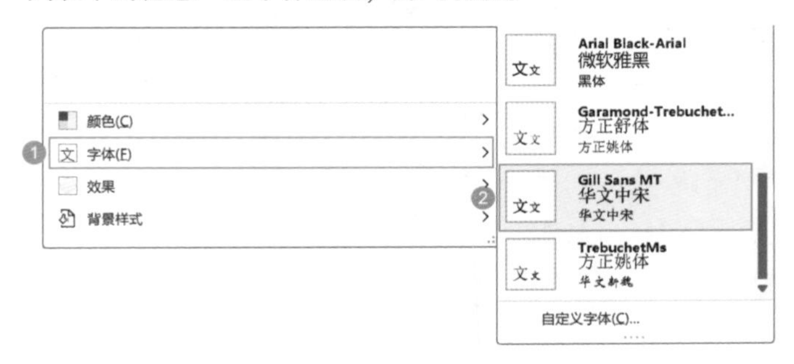

03 这样整个 PPT 的标题和正文的字体就全部替换好了。

◎ 自定义主题字体

如果觉得系统字体不好看，想用自行安装的非系统字体，可以设置自定义主题字体。只要第一次设置好了，自定义主题字体就会保存下来，以后做 PPT 时可以直接套用。

01 单击“设计”，再单击“变体”下拉按钮。

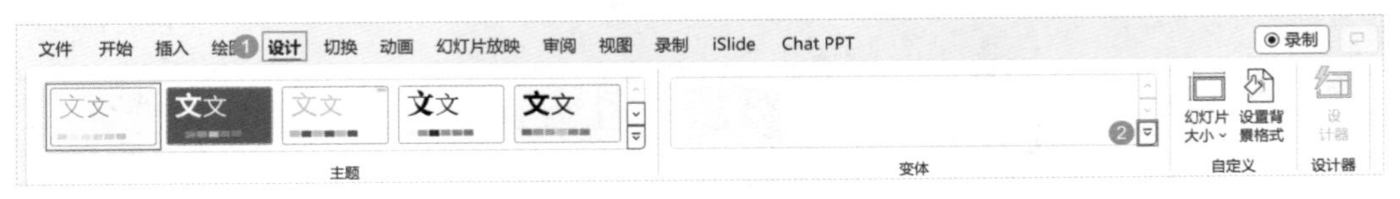

02 执行“字体>自定义字体”命令。

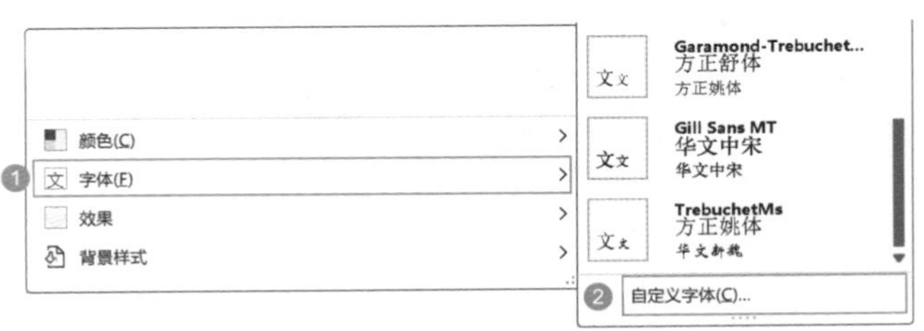

03 在弹出的“新建主题字体”对话框中选择中文标题字体为“汉仪永字值日生 W”字体。

新建主题字体 ? ×

西文

标题字体(西文)(H): 等线 Light

正文字体(西文)(B): 等线

示例 Heading Body text body text body text. Body

中文

标题字体(中文)(A): 等线 Light

正文字体(中文)(O): 等线

示例 标题 正文文本正文文本。正文文本正文

名称(N): 自定义 1

保存(S) 取消

标题字体(中文)(A): 汉仪永字值日生 W

汉仪星球体W

汉仪行楷简

汉仪秀英体简

汉仪雪峰体简

汉仪丫丫体简

汉仪永字值日生 W

04 用同样的方法设置好所有“西文”和“中文”字体后，单击“保存”按钮。这时字体下拉列表中会多出一组自定义主题字体，也就是我们刚刚设置好的字体组合。

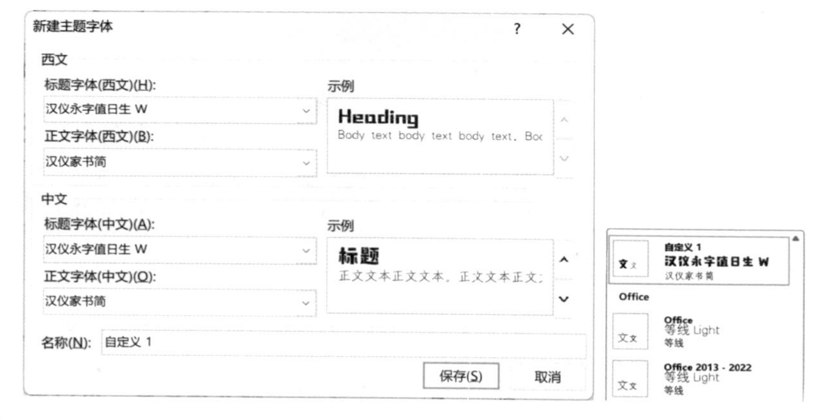

05 单击新生成的自定义主题字体，整个 PPT 的字体就全部替换好了。

99 怎样快速给PPT更改配色

用 PPT 自带的母版和设计功能可以快速给 PPT 更改配色。

母版改配色

仅修改标题或正文的配色，母版改配色的方法比较适用。例如，更改所有标题字体的颜色。

01 执行“视图>母版视图>幻灯片母版”命令。

02 单击左侧第一个母版预览图，再选中这一页母版的标题文本框。

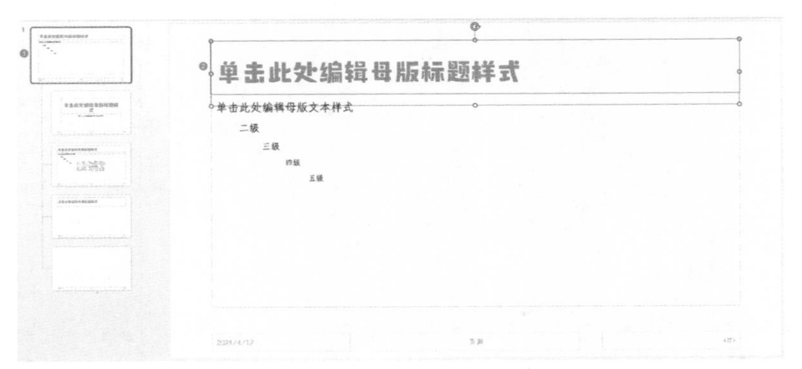

03 单击“开始”，更改字体颜色。

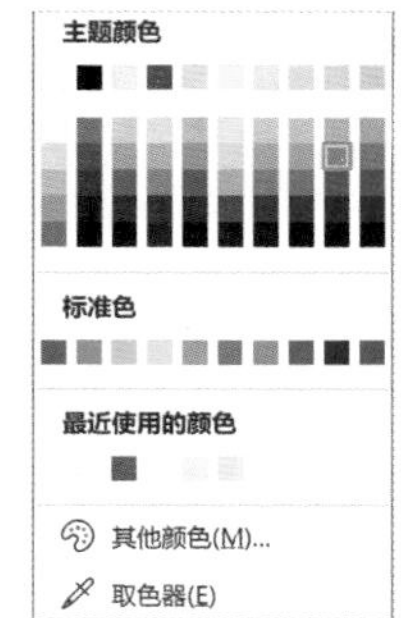

04 母版标题字体的颜色就修改好了。

05 执行“视图＞演示文稿视图＞普通”命令，回到普通页面。可以看到，所有标题字体的颜色都修改好了。

更改主题色

可选择 PPT 自带的主题色，也可保存模板主题色到其他 PPT 中使用。

◎ 一键更改主题色

PPT 预设了一些主题色，可以直接选择更改。

01 单击“设计”，再单击“变体”下拉按钮。

02 选择“颜色”列表下的任意一组主题色（如绿色），即可一键更改 PPT 配色。

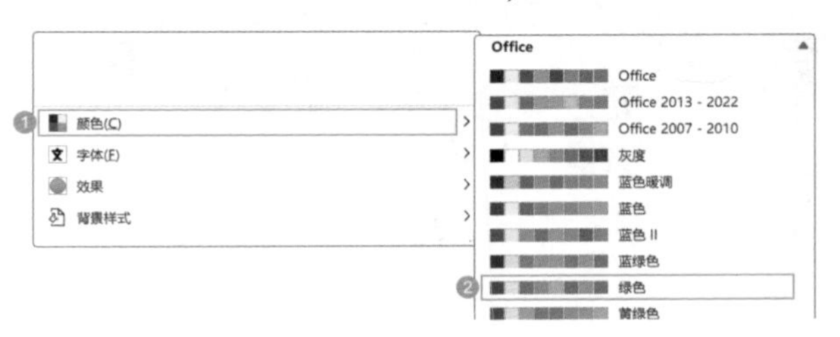

03 更改完成的效果如下，所有的文字和图框的颜色都修改好了。

◎ 保存模板主题色

如果你喜欢本书任意模板的配色，可以将它保存成主题色，在其他 PPT 中一键套用。

01 单击“设计”，再单击“变体”下拉按钮。

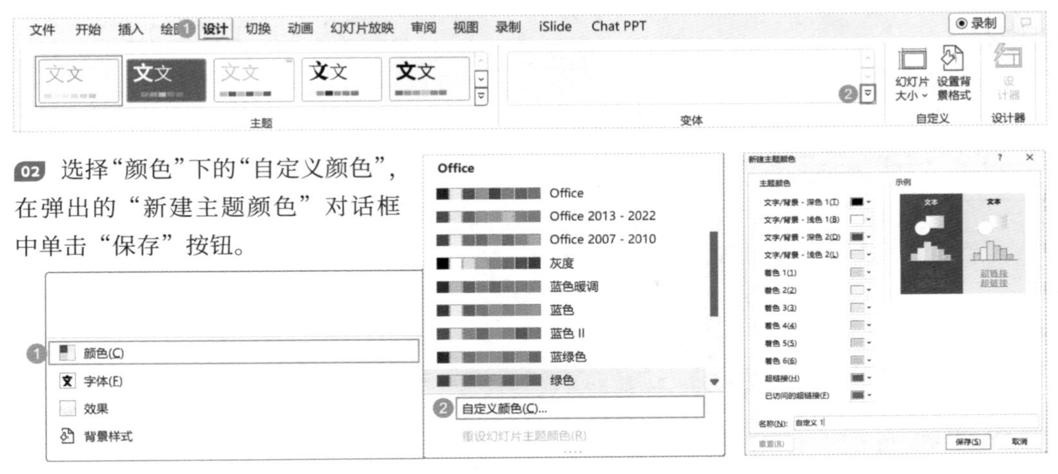

02 选择“颜色”下的“自定义颜色”，在弹出的“新建主题颜色”对话框中单击“保存”按钮。

03 颜色列表中会多出一组自定义主题色。以后做其他 PPT，可以直接套用。

100 怎样导出合适的PPT格式

将 PPT 文件发送给老师或者拷贝到其他计算机中使用，可能需要导出不同的格式，以确保最佳的观看效果。

如何设置导出 PPT 格式

01 打开 PPT，选择“文件”。

02 执行“另存为>这台电脑”命令，选择存储格式。系统自带多种导出格式，在这里选择即可。

导出可编辑格式

若将 PPT 存储到另一台计算机上后，仍然需要修改 PPT 的内容，则 PPT 需是可编辑格式的。

◎ 兼容性格式

如果遇到 Office 软件版本较低，无法正常打开高版本 Office 创建的 PPT 文件的情况，可以将 PPT 导出为兼容性格式的。

在格式列表中选择“PowerPoint 97-2003 演示文稿（*.ppt）”，单击“保存”按钮即可。

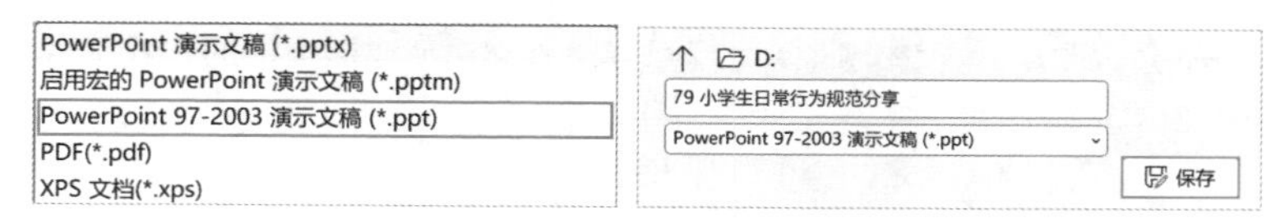

◎ 嵌入字体

如果 PPT 文件中使用了非系统自带的字体，则需要在 PPT 文件中嵌入字体，否则拷贝到其他计算机上打开时，非系统自带的字体可能无法正常显示。嵌入字体的方法如下。

01 执行“文件 > 选项”命令。

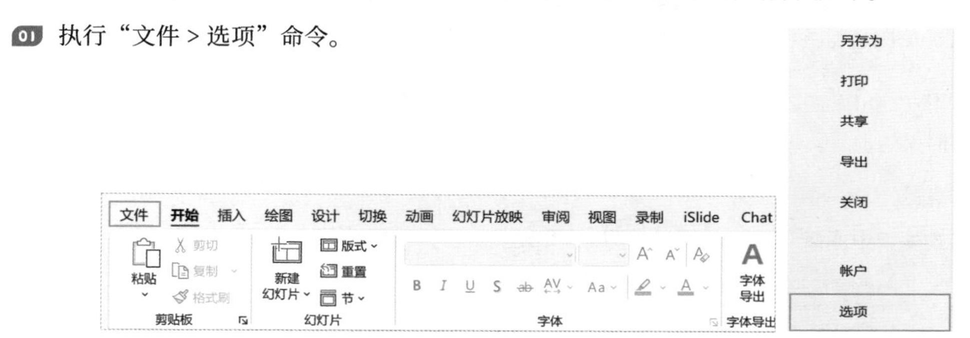

02 在弹出的“PowerPoint 选项”对话框中选择“保存”，勾选“将字体嵌入文件”，根据需要选择一种字体嵌入模式，单击“确定”按钮。

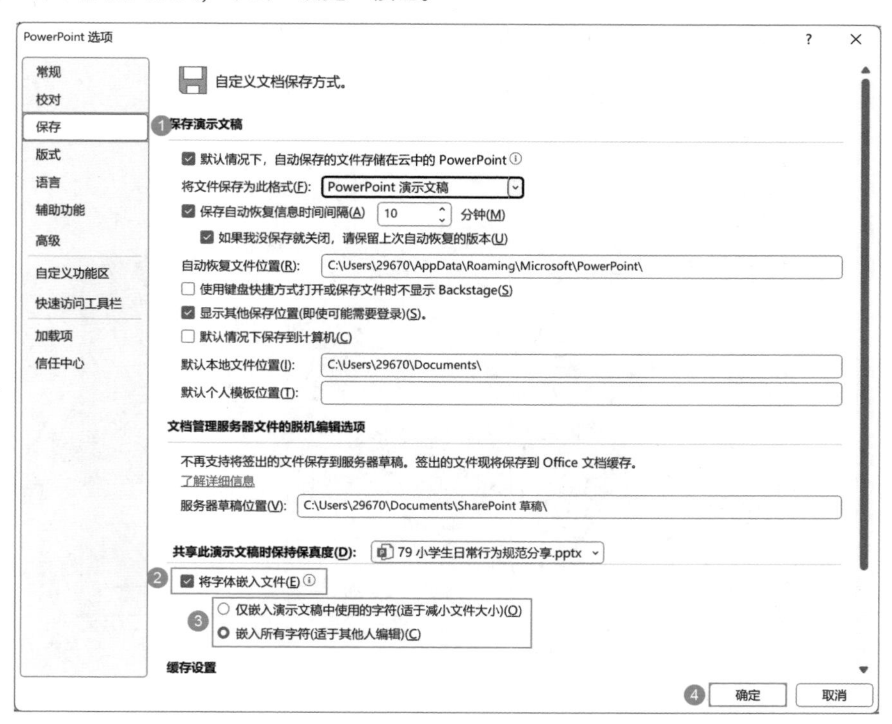

不出错格式

PPT 做好后不会再改动，无论何时何地打开文件，文件都要以当前的样式呈现。这种情况下可以将 PPT 导出为不出错格式。

◎ PDF 格式

在格式列表中选择“PDF（*.pdf）”，单击“保存”按钮即可。

PDF 格式的 PPT 文件，不仅能使字体和格式固定，文件大小还会比 PPT 格式的小很多，发送时既省时又省流量。

◎ 放映格式

在格式列表中选择“PowerPoint 放映（*.ppsx）”，单击“保存”按钮即可。

放映格式的 PPT 文件会使文件格式固定，内容不会再被编辑和修改。双击打开放映格式的 PPT 文件，可直接进入放映状态，按 Esc 键可结束放映并关闭文件。